手作生活 052

國家圖書館出版品預行編目

鉤針版，立體造型動物毛線帽
凡妮莎‧慕尼詩(Vanessa Mooncie)
著；趙睿音 譯；——初版——
臺北市：朱雀文化，2017.11
面；公分——（Hands；52）
譯自 :Crocheted animal hats : 15
projects to keep you warm and toasty
ISBN 978-986-95344-2-0（平裝）
1.編織 2.帽 3.手工藝
426.4　　　　　　106018742

鉤針版，立體造型動物毛線帽

作者｜凡妮莎‧慕尼詩 (Vanessa Mooncie)

譯者｜趙睿音

美術設計｜許維玲

編輯｜劉曉甄

行銷｜石欣平

企畫統籌｜李橘

總編輯｜莫少閒

出版者｜朱雀文化事業有限公司

地址｜台北市基隆路二段 13-1 號 3 樓

電話｜02-2345-3868

傳真｜02-2345-3828

劃撥帳號｜19234566 朱雀文化事業有限公司

e-mail｜redbook@ms26.hinet.net

網址｜http://redbook.com.tw

總經銷｜大和書報圖書服份有限公司 (02)8990-2588

ISBN｜978-986-95344-2-0

初版一刷｜2017.11

定價｜399 元

出版登記｜北市業字第 1403 號

全書圖文未經同意不得轉載和翻印

本書如有缺頁、破損、裝訂錯誤，請寄回本公司更換

About 買書

●朱雀文化圖書在北中南各書店及誠品、金石堂、何嘉仁等連鎖書店，以及博客來、讀冊、PChome 等網路書店均有
販售，如欲購買本公司圖書，建議你直接詢問書店店員，或上網採購。如果書店已售完，請電洽本公司。

●●至朱雀文化網站購書（http : / / redbook.com.tw），可享 85 折起優惠。

●●●至郵局劃撥（戶名：朱雀文化事業有限公司，帳號 19234566），掛號寄書不加郵資，4 本以下無折扣，5 ～ 9
本 95 折，10 本以上 9 折優惠。

鉤針版 Animal Hats
立體造型動物毛線帽

凡妮莎‧慕尼詩 Vanessa Mooncie 著‧趙睿音 譯

編者序

這一季冬，
不畏呼呼北風！

時時序入冬，又是戴帽子保暖的季節。
去年《超立體‧動物造型毛線帽：風靡歐美！寒冬有型，吸睛又保暖。》一書推出後，深受者喜愛，許多讀者也來函詢問是否有以鉤針編織的造型動物帽。因此，今年我們再出版《鉤針版‧立體造型動物毛線帽》，以饗讀者。

拾起一捲毛線，
開始一針一針地打了起來，
可愛的麋鹿帽、搶眼的鸚鵡帽，
有趣的兔子帽、大眼的青蛙帽，
不論是哪一款，
都有值得你動手的理由！

毛茸茸動物毛線帽，
冬天再冷也不怕！

一起來做動物帽！

本書中共有15款鉤針編織的動物帽子，每一頂帽子都有小孩以及大人的尺寸，有黑白色系的條紋斑馬，也有充滿活力的鮮豔鸚鵡，從林中生物到獵食動物，應有盡有。

本書後面（第146頁）附有製作技巧指引以及訣竅，也有替作品最後修飾的說明，更有兩種製作溫暖舒適內襯的方法：縫上柔軟的刷毛布料，或是加上一層鉤織的內襯。

動物帽子主體用粗毛線鉤織而成，細部特徵像是小兔子的鼻子或是小花豹的斑點，則使用中細線來製作，這本動物帽子編織書提供了一系列有趣的帽子編織方法，能當作絕佳的手工禮物，也能讓人在冷颼颼的冬季裡，有型有款地保持頭部溫暖又舒適。

歡迎進入鉤針
動物帽的世界
the projects

十五款冬天必織經典動物帽

主體用粗毛線鉤織而成

細部特徵像則使用中細線來製作

了一系列有趣的帽子編織方法

是絕佳的手工禮物

在冷颼颼的冬季裡

保持頭部溫暖又舒適

小花豹

這頂帽子不但可以溫暖頭部,亮眼的豹紋編織設計,更是時尚的必備花色!還有大片耳蓋,抵擋住冬季冷冽的刺骨寒風。

材料

毛線

King Cole Merino Blend Chunky，100%
耐洗羊毛（每球 50 克 /74 碼 /67 公尺）
古銅金（928），A 色 3〔4〕球
King Cole Merino Blend DK，100% 耐洗
羊毛（每球 50 克 /123 碼 /112 公尺）
煤炭黑（048），B 色 1〔1〕球
King Cole Baby Alpaca DK，100% 純幼
羊駝毛（每球 50 克 /110 碼 /100 公尺）
淺駝色（500），C 色 1〔1〕球

鉤針

3mm（UK11:US-）
5mm（UK6:USH/8）
6mm（UK4:US J/10）

釦子

直徑 3/4[7/8] 英吋（2〔2.25〕公分）
咖啡色 2 個
直徑 1/2[5/8] 英吋（1.25〔1.5〕公分）
黑色 2 個

其他

毛線針
縫衣針

黑色縫衣線
填充棉花少許
製作絨球的薄卡紙

尺寸

適合

頭圍 20 英吋（51 公分）以下的兒童
〔頭圍 22 英吋（56 公分）以下的成人〕

織片密度

---

4 英吋（10 公分）見方 =13 針 14 段 / 短
針編織，6mm 鉤針。
為求正確，請依個人編織手勁換用較大或
較小的鉤針。

做法

帽子主體以環狀編織，從帽頂開始，逐步加針塑型。耳蓋以短針分段平面編織，逐步減針做成三角形。小花豹的耳朵以環狀編織而成，稍微填充一些棉花，跟鉤出來的鼻子和豹紋斑點，一起縫在帽子上，至於豹紋斑點則可依個人喜好增加，最後縫上釦子，當作眼睛，就大功告成啦！

帽子主體 ❶

大人小孩尺寸都從帽子頂端開始製作，使用6mm鉤針與A色毛線，鉤4個鎖針，以滑針連結第一個鎖針，做成一個圈。

第1圈：1鎖針（不列入總針數計算），沿著圈圍鉤6個短針，以滑針連結第一個短針（共6針）。

第2圈（加針）：1鎖針（不列入總針數計算），2短針加針重複6次，以滑針連結第一個短針（共12針）。

第3圈（加針）：1鎖針（不列入總針數計算），（2短針加針，1短針）括號內此組編織法重複6次，以滑針連結第一個短針（共18針）。

第4圈（加針）：1鎖針（不列入總針數計算），（2短針加針，2短針）括號內此組編織法重複6次，以滑針連結第一個短針（共24針）。

第5圈（加針）：1鎖針（不列入總針數計算），（2短針加針，3短針）括號內此組編織法重複6次，以滑針連結第一個短針（共30針）。

第6圈（加針）：1鎖針（不列入總針數計算），（2短針加針，4短針）括號內此組編織法重複6次，以滑針連結第一個短針（共36針）。

第7圈（加針）：1鎖針（不列入總針數計算），（2短針加針，5短針）括號內此組編織法重複6次，以滑針連結第一個短針（共42針）。

第8圈（加針）：1鎖針（不列入總針數計算），（2短針加針，6短針）括號內此組編織法重複6次，以滑針連結第一個短針（共48針）。

第9圈（加針）：1鎖針（不列入總針數計算），（2短針加針，7短針）括號內此組編織法重複6次，以滑針連結第一個短針（共54針）。

第10圈（加針）：1鎖針（不列入總針數計算），（2短針加針，8短針）括號內此組編織法重複6次，以滑針連結第一個短針（共60針）。

以下僅大人尺寸需要

第11圈（加針）：1鎖針（不列入總針數計算），（2短針加針，9短針）括號內此組編織法重複6次，以滑針連結第一個短針（共66針）。

帽子主體

耳蓋與邊針
小孩尺寸

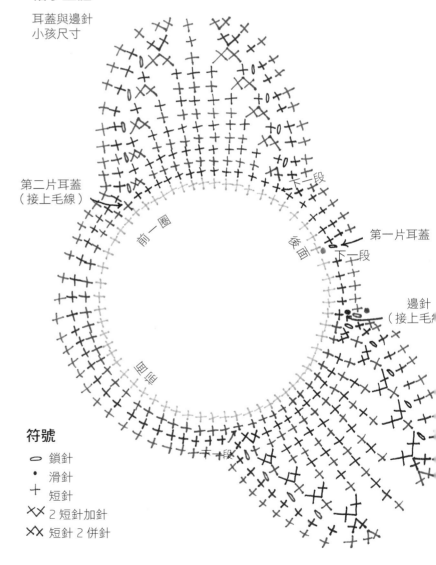

第二片耳蓋
（接上毛線）

前一圈

後面

下一段

第一片耳蓋

下一段

邊針
（接上毛

下一段

圍邊

符號

⌒ 鎖針
・ 滑針
十 短針
XX 2短針加針
XX 短針2併針

以下大人小孩尺寸皆同

下一圈：1 鎖針（不列入總針數計算），接下來每一針內鉤 1 短針，以滑針連結第一個短針。重複上一圈 16〔18〕次。

帽子主體

圖上第 11 至第 13 圈，
僅大人尺寸需要

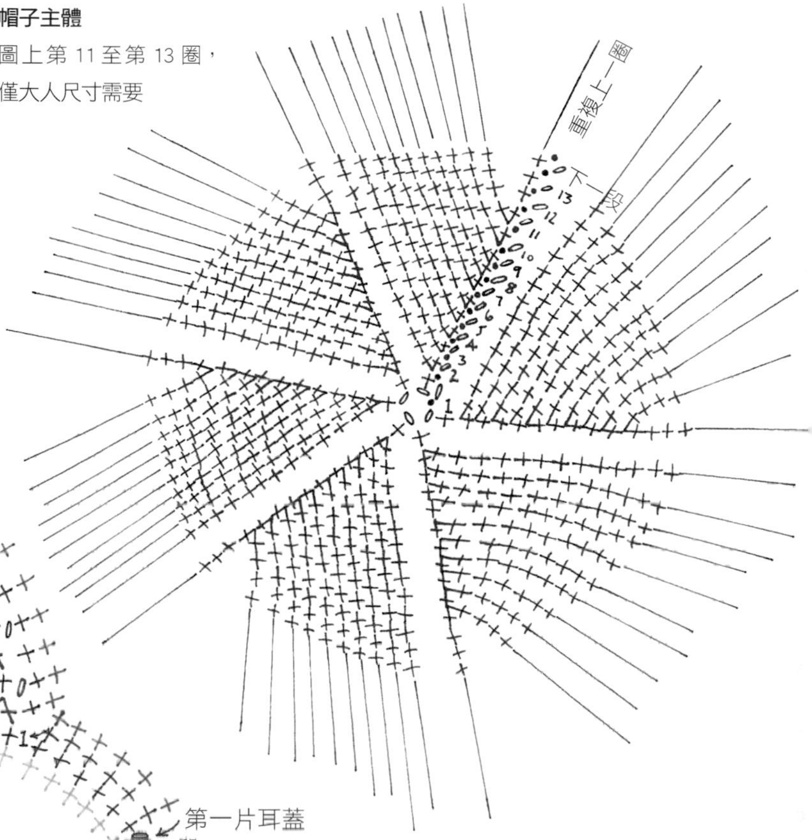
重複上一圈
下一段
1
2
3
4
5
6
7
8
9
10
11
12
13

帽子主體

耳蓋與邊針
大人尺寸

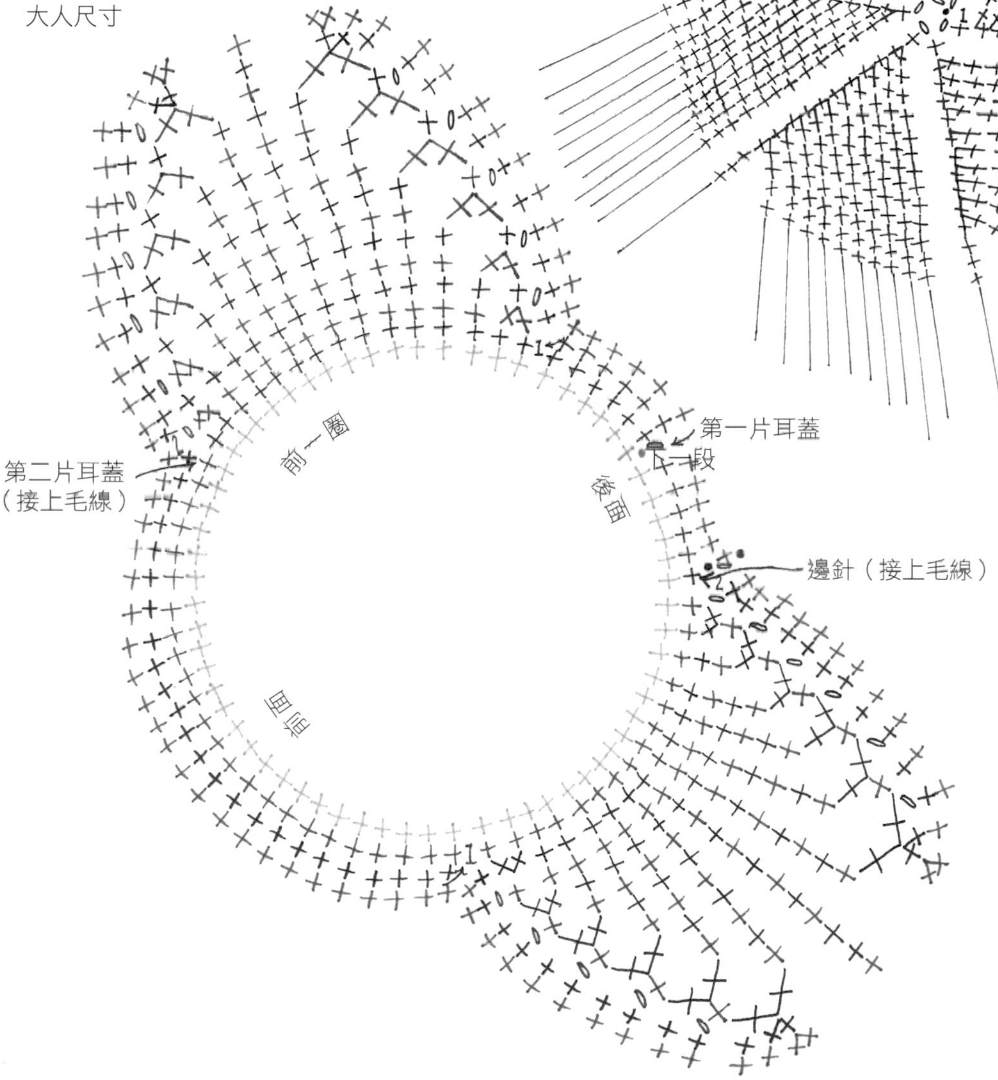
第一片耳蓋
下一段
前一圈
後面
前面
第二片耳蓋
（接上毛線）
邊針（接上毛線）

第一片耳蓋

下一段：從背面中央開始，1 鎖針（不列入總針數計算），接下來 5〔6〕針每一針都鉤 1 短針。

接下來分段平面編織：

以下僅大人尺寸需要

段 1（正面）：接下來 15 針每一針都鉤 1 短針，翻面。

段 2（反面）（減針）：1 鎖針（不列入總針數計算），短針 2 併針，接下來 11 針每一針都鉤 1 短針，短針 2 併針，翻面，1 鎖針（不列入總針數計算）。

以下大人小孩尺寸皆同

下一段：接下來 13 針每一針都鉤 1 短針，翻面。

＊下一段（減針）：1 鎖針（不列入總針數計算），短針 2 併針，接下來 9 針每一針都鉤 1 短針，短針 2 併針，翻面（共 11 針）。

下一段：1 鎖針（不列入總針數計算），接下來每一針內鉤 1 短針，翻面。

下一段（減針）：1 鎖針（不列入總針數計算），短針 2 併針，接下來 7 針每一針都鉤 1 短針，短針 2 併針，翻面（共 9 針）。

下一段：1 鎖針（不列入總針數計算），接下來每一針內鉤 1 短針，翻面。

下一段（減針）：1 鎖針（不列入總針數計算），短針 2 併針，接下來 5 針每一針都鉤 1 短針，短針 2 併針，翻面（共 7 針）。

下一段：1 鎖針（不列入總針數計算），接下來每一針內鉤 1 短針，翻面。

下一段（減針）：1 鎖針（不列入總針數計算），短針 2 併針，接下來 3 針每一針都鉤 1 短針，短針 2 併針，翻面（共 5 針）。

下一段：1 鎖針（不列入總針數計算），接下來每一針內鉤 1 短針，翻面。

下一段（減針）：1 鎖針（不列入總針數計算），短針 2 併針，1 短針，短針 2 併針，翻面（共 3 針）。＊

拉緊收針。

第二片耳蓋

下一段：從正面的地方，在帽子前面接上 A 色毛線，沿著帽子前面，接下來 24 針每一針都鉤 1 短針。

接下來分段平面編織：

以下僅大人尺寸需要

段 1（正面）：接下來 15 針每一針都鉤 1 短針，翻面。

段 2（反面）（減針）：1 鎖針（不列入總針數計算），短針 2 併針，接下來 11 針每一針都鉤 1 短針，短針 2 併針，翻面，1 鎖針（不列入總針數計算）。

以下大人小孩尺寸皆同

下一段：接下來 13 針每一針都鉤 1 短針，翻面。

下一段：參照第一片耳蓋做法兩個星號 ＊ 之間的編織法，拉緊收針。

耳蓋內襯（製作 2 個）

如果打算製作編織內襯，此步驟可省略。

以下大人小孩尺寸皆同

使用 6mm 鉤針與 A 色毛線，鉤 14〔16〕個鎖針。

段 1（正面）：在往回數的第二個鎖針內鉤 1 短針，接下來 12〔14〕針每一針都鉤 1 短針，翻面（共 13〔15〕針）。

以下僅大人尺寸需要

段 2（減針）：1 鎖針（不列入總針數計算），短針 2 併針，接下來 11 針每一針都鉤 1 短針，短針 2 併針，翻面（共 13 針）。

段 3：1 鎖針（不列入總針數計算），接下來每一針內鉤 1 短針，翻面。

以下大人小孩尺寸皆同

下一段：參照帽子主體第一片耳蓋做法星號 ＊ 之間的編織法，拉緊收針。

邊針

使用 5mm 鉤針與 A 色毛線，從正面的地方，由耳蓋內襯段 1 的地方開始，沿著接下來 10〔12〕段，每一段的邊緣各鉤 1 短針。接著在耳蓋內襯比較短的底邊邊緣 3 個短針內分別鉤 2 短針加針、1 短針、2 短針加針。最後在另一邊耳蓋邊緣的 10〔12〕段，每一段的邊緣各鉤 1 短針（共 25〔29〕針）。拉緊收針，留一段稍微長一點的毛線。

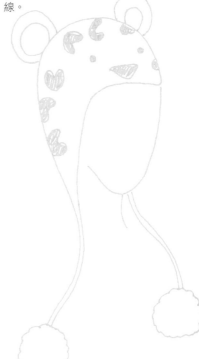

耳朵（製作 2 個）

以下大人小孩尺寸皆同

從耳朵頂端開始，使用 6mm 鉤針與 A 色毛線，鉤 4 個鎖針，以滑針連結第一個鎖針，做成一個圈。

第 1 圈：1 鎖針（不列入總針數計算），沿著圈圍鉤 5 個短針，以滑針連結第一個短針（共 5 針）。

第 2 圈（加針）：1 鎖針（不列入總針數計算），2 短針加針重複 5 次，以滑針連結第一個短針（共 10 針）。

第 3 圈（加針）：1 鎖針（不列入總針數計算），（2 短針加針，1 短針）括號內此組編織法重複 5 次，以滑針連結第一個短針（共 15 針）。

第 4 圈（加針）：1 鎖針（不列入總針數計算），（2 短針加針，2 短針）括號內此組編織法重複 5 次，以滑針連結第一個短針（共 20 針）。

小孩尺寸

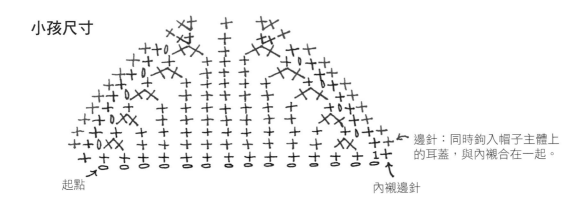

起點　　　　　　　　　　　　　　　　內襯邊針

邊針：同時鉤入帽子主體上的耳蓋，與內襯合在一起。

大人尺寸

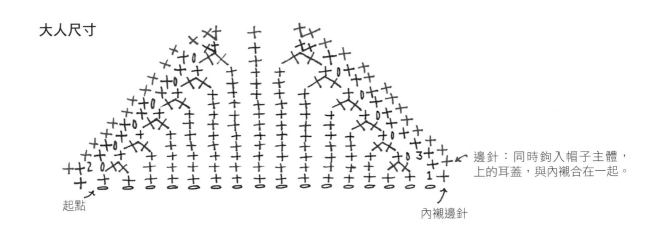

起點　　　　　　　　　　　　　　　　內襯邊針

邊針：同時鉤入帽子主體上的耳蓋，與內襯合在一起。

以下僅大人尺寸需要

下一圈（加針）：1 鎖針（不列入總針數計算），（2 短針加針，4 短針）括號內此組編織法重複 4 次，以滑針連結第一個短針（共 24 針）。

以下大人小孩尺寸皆同

下一圈：1 鎖針（不列入總針數計算），接下來每一針內鉤 1 短針，以滑針連結第一個短針。

重複上一圈 4〔6〕次。

拉緊收針，留一段稍微長一點的毛線。

小孩尺寸

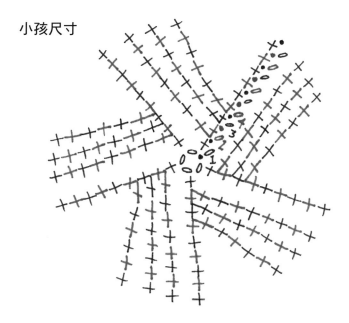

大人尺寸

依照小孩尺寸的編織圖一直鉤織到第4圈

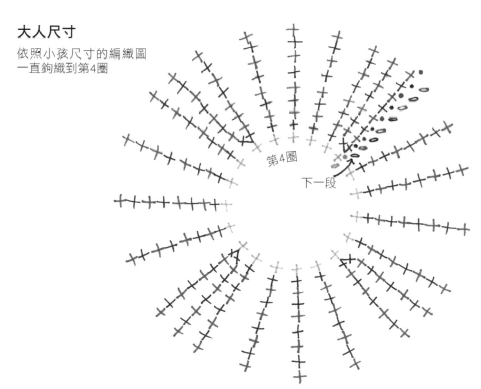

鼻子

大人小孩尺寸皆同

使用 3mm 鉤針與 B 色毛線，鉤 4 個鎖針，以滑針連結第一個鎖針，做成一個圈。

下一圈：1 鎖針（不列入總針數計算），沿著圈圍鉤 6 個短針，以滑針連結第一個短針（共 6 針）。

以下僅小孩尺寸需要

下一圈：1 鎖針（不列入總針數計算），接下來每一針內鉤 1 短針，以滑針連結第一個短針。

下一圈（加針）：1 鎖針（不列入總針數計算），2 短針加針重複 6 次，以滑針連結第一個短針（共 12 針）。

下一圈（加針）：1 鎖針（不列入總針數計算），2 短針加針重複 12 次，以滑針連結第一個短針（共 24 針）。

以下僅大人尺寸需要

下一圈（加針）：1 鎖針（不列入總針數計算），2 短針加針重複 6 次，以滑針連結第一個短針（共 12 針）。

下一圈：1 鎖針（不列入總針數計算），接下來每一針內鉤 1 短針，以滑針連結第一個短針。

下一圈：重複上一圈。

下一圈（加針）：1 鎖針（不列入總針數計算），2 短針加針重複 12 次，以滑針連結第一個短針（共 24 針）。

下一圈（加針）：1 鎖針（不列入總針數計算），（2 短針加針，2 短針）括號內此組編織法重複 8 次，以滑針連結第一個短針（共 32 針）。

以下大人小孩尺寸皆同

拉緊收針，留一段稍微長一點的毛線。

大人尺寸

小孩尺寸

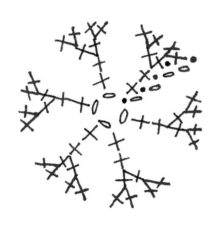

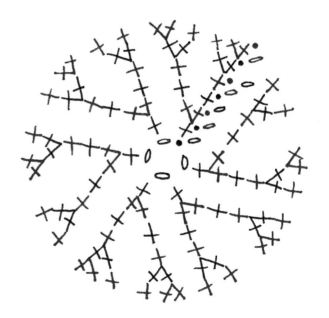

斑點

迷你（製作 10〔10〕個）

使用 3mm 鉤針與 C 色毛線，鉤 4 個鎖針，以滑針連結第一個鎖針，做成一個圈。

第 1 圈： 1 鎖針（不列入總針數計算），沿著圈圍鉤 5 個短針，以滑針連結第一個短針（共 5 針）。

換成 B 色毛線。

第 2 圈（加針）： 使用 B 色毛線，1 鎖針（不列入總針數計算），2 短針加針重複 5 次（共 10 針）。

拉緊收針，留一段稍微長一點的 B 色毛線。

小（製作 10〔6〕個）

使用 3mm 鉤針與 C 色毛線，鉤 4 個鎖針，以滑針連結第一個鎖針，做成一個圈。

第 1 圈： 1 鎖針（不列入總針數計算），沿著圈圍鉤 6 個短針，翻面（共 6 針）。

第 2 圈（加針）： 1 鎖針（不列入總針數計算），2 短針加針重複 3 次，換成 B 色毛線繼續，2 短針加針重複 3 次，翻面（共 12 針）。

第 3 圈（加針）： 使用 B 色毛線，1 鎖針（不列入總針數計算），（2 短針加針，1 短針）括號內此組編織法重複 6 次（共 18 針）。

拉緊收針，留一段稍微長一點的 B 色毛線。

中（製作 6〔6〕個）

使用 3mm 鉤針與 C 色毛線，鉤 4 個鎖針，以滑針連結第一個鎖針，做成一個圈。

第 1 圈： 1 鎖針（不列入總針數計算），沿著圈圍鉤 5 個短針，以滑針連結第一個短針（共 5 針）。

第 2 圈（加針）： 1 鎖針（不列入總針數計算），2 短針加針重複 5 次，以滑針連結第一個短針（共 10 針）。

第 3 圈（加針）： 1 鎖針（不列入總針數計算），（2 短針加針，1 短針）括號內此組編織法重複 2 次，換成 B 色毛線繼續，（2 短針加針，1 短針）括號內此組編織法重複 3 次，以滑針連結第一個短針（共 15 針）。

第 4 圈（加針）： 使用 B 色毛線，1 鎖針（不列入總針數計算），（2 短針加針，2 短針）括號內此組編織法重複 4 次，以滑針連結下一個短針。

拉緊收針，留一段稍微長一點的 B 色毛線。

大（製作 0〔6〕個）

使用 3mm 鉤針與 C 色毛線，鉤 4 個鎖針，以滑針連結第一個鎖針，做成一個圈。

第 1 圈： 1 鎖針（不列入總針數計算），沿著圈圍鉤 6 個短針，以滑針連結第一個短針（共 6 針）。

第 2 圈（加針）： 1 鎖針（不列入總針數計算），2 短針加針重複 6 次，以滑針連結第一個短針（共 12 針）。換成 B 色毛線。

第 3 圈（加針）： 使用 B 色毛線，1 鎖針（不列入總針數計算），（2 短針加針，1 短針）括號內此組編織法重複 6 次，翻面（共 18 針）。

下一圈： 使用 B 色毛線，略過第一個短針，接下來 2 針每一針都鉤 1 短針，（2 短針加針，2 短針）括號內此組編織法重複 3 次，以滑針連結下一個短針。

拉緊收針，留一段稍微長一點的 B 色毛線。

小

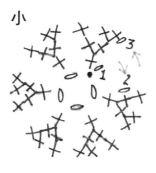

迷你

大

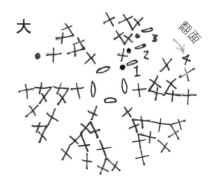

中

組合

邊針

從正面的地方，使用 5mm 鉤針與 A 色毛線，在帽子背面第二片耳蓋的地方接上毛線。

下一段：沿著帽子背面，接下來 10〔12〕針每一針都鉤 1 短針，然後沿著第一片耳蓋邊緣的 9〔11〕段，每一段的邊緣各鉤 1 短針，** 在耳蓋內襯比較短的底邊邊緣 3 個短針內分別鉤 2 短針加針、1 短針、2 短針加針，最後在另一邊耳蓋邊緣的 9〔11〕段，每一段的邊緣各鉤 1 短針 **。接下來在帽子前緣的 24 個短針每一針都鉤 1 短針，然後沿著第二片耳蓋邊緣的 9〔11〕段，每一段的邊緣各鉤 1 短針，重複 ** 之間的編織法，完成第二片耳蓋的邊針，以滑針連結第一個短針（共 80〔90〕針）。

下一段：1 鎖針（不列入總針數計算），沿著帽子背面，接下來 10〔12〕針每一針都鉤 1 短針，*** 以背面對齊背面，同時鉤入帽子主體上的耳蓋和耳蓋內襯，合在一起，略過耳蓋內襯上的第一個短針，接下來 10〔12〕針每一針都鉤 1 短針，2 短針加針，1 短針，2 短針加針，接下來 10〔12〕針每一針都鉤 1 短針，略過耳蓋內襯上的最後一個短針 ***。接下來在帽子前緣的 24 個短針，每一針都鉤 1 短針，重複 *** 之間的編織法，完成第二片耳蓋的邊針（共 84〔94〕針）。以滑針連結下一針，拉緊收針。

使用毛線針和收針時預留的 A 色餘線，用滑針把耳蓋內襯的上緣固定在帽子主體內側。

耳朵

將棉花塞入，讓形狀保持平整，利用收針後預留的餘線，在最後一圈縫合開口處做出筆直的邊緣，把邊緣兩端拉到中央，做出耳朵的模樣，再把兩隻耳朵縫在帽子主體上，沿著耳朵底部邊緣縫一整圈，避免耳朵往下垂。

鼻子

平放鼻子，縫合頂部邊緣開口處兩邊各 12〔16〕個針目，把縫合邊朝上，固定在帽子正面中央，大約在底邊上方 1.5 公分的地方。

眼睛和斑點

把小顆的黑色釦子重疊在大顆的咖啡色釦子上面，一起縫在眼睛的地方。把斑點擺放在帽子各處，哪一邊朝上都可以，可以對稱擺放，也可以隨意散佈在帽子主體各處，利用收針後預留的餘線，縫上固定。

最後修飾

如果要製作編織內襯，就在加上內襯後，把兩股辮接在耳蓋上，藏好餘線。以 A 色毛線製作兩條兩股辮（做法詳見第 154 頁），長度約為 20〔30〕公分，製作時使用 6〔8〕股毛線。以 A 色毛線製作兩顆絨球（做法詳見第 155 頁），直徑大小為 5〔6〕公分，把兩顆絨球分別接在兩條兩股辮下方，兩股辮的另一端則縫在耳蓋尖端的地方。

製作帽子內襯

做法詳見第 142 到 145 頁，為帽子加上一層舒適的刷毛布料內襯或編織內襯。

frog
青蛙

擁有可以反摺的羅紋帽簷的青蛙毛線
帽，加上一對突出的大眼睛，非常引人注目，
走在路上，不多看一眼都難！

材料

毛線
Hayfield Baby Chunky，70% 壓克力，30%
尼龍（每球 100 克 /170 碼 /155 公尺）
青蘋綠（405），A 色 2〔2〕球
牛奶白（400），B 色 1〔1〕球

鉤針
5.5 mm（UK5:US I/9）

釦子
直徑 3/4〔7/8〕英吋（2〔2.25〕公分）
黑色 2 個
直徑 1/2 英吋（1.25 公分）黑色 2 個

其他
毛線針
縫衣針
黑色縫衣線
填充棉花少許

尺寸

適合
頭圍 20 英吋（51 公分）以下的兒童
〔頭圍 22 英吋（56 公分）以下的成人〕

織片密度

4 英吋（10 公分）見方 =13 針 14 段 / 短
針編織，5.5 mm 鉤針。
為求正確，請依個人編織手勁換用較大或
較小的鉤針。

做法

這頂帽子從帽簷開始製作，以短針分段鉤織，只要把鉤針穿進每個針目外側的後環線圈，就可以製作出羅紋效果，接著把比較短的那一邊連接成圈，橫著放就成為一圈羅紋帽簷。帽子主體以短針環狀編織，沿著羅紋帽簷的邊緣平均地鉤出第一圈針目，用減針來塑型帽頂，以短針環狀編織製作眼睛，縫在帽頂上，把帽簷翻摺起來，縫上當作眼睛和鼻孔的釦子。

羅紋

以下大人小孩尺寸皆同

從羅紋帽簷的側邊開始製作，使用5.5mm 鉤針與 A 色毛線，鉤 16〔18〕個鎖針。

段 1： 在往回數的第二個鎖針內鉤 1 短針，接下來 14〔16〕針每一針都鉤 1 短針，翻面（共 15〔17〕針）。

段 2： 1 鎖針（不列入總針數計算），接下來每一針都在針目外側的後環線圈（離自己比較遠的那一邊）鉤 1 短針，翻面。

這樣就能製作出羅紋圖樣，重複段 2，直到長度達到 18〔20〕英吋（46〔51〕公分）為止，翻面。

連接短邊

接下來： 把比較短的兩邊接在一起，鉤 1鎖針，以滑針連結第一個短針針目外側的後環線圈，以及另一邊第一個鎖針背面的線圈，合併兩側短邊。持續以滑針連結兩邊的針目，把兩側短邊接成一圈，這種鉤織方法能製作出一道凸筋，擺在帽子中央後方的位置，翻摺起來就是羅紋帽簷的一部分。把作品翻面，繼續鉤織。

符號

○ 鎖針

• 滑針

十 短針

╳ 2 短針加針

╳ 短針 2 併針

大 只鉤外側後環線圈的短針

以滑針連結短針外側後環線圈以及鎖針

重複段 2，直到長度有 18〔20〕英吋（46〔51〕公分）為止。

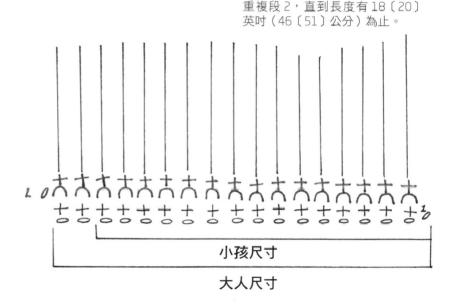

小孩尺寸

大人尺寸

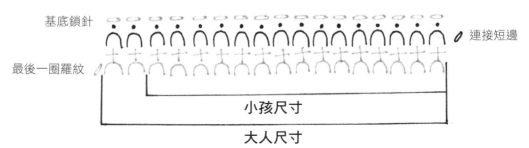

基底鎖針

連接短邊

最後一圈羅紋

小孩尺寸

大人尺寸

接下來以環狀編織：

帽頂

第 1 圈（正面）：1 鎖針（不列入總針數計算），沿著羅紋帽簷的邊緣平均地鉤 60〔66〕短針，以滑針連結第一個短針（共 60〔66〕針）。

第 2 圈：1 鎖針（不列入總針數計算），接下來每一針內鉤 1 短針，以滑針連結第一個短針。

接下來：重複上一圈 9〔12〕次。

帽頂

小孩尺寸

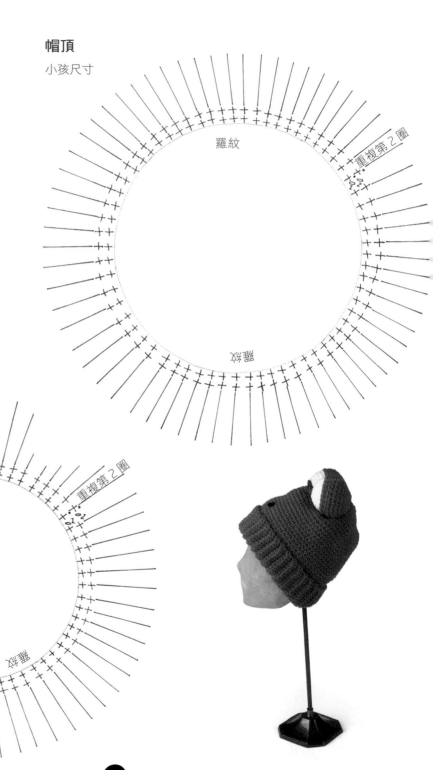

羅紋

羅紋

重複第 2 圈

帽頂

大人尺寸

羅紋

羅紋

重複第 2 圈

塑型帽頂

以下僅大人尺寸需要

下一圈（減針）：1 鎖針（不列入總針數計算），（短針 2 併針，9 短針）括號內此組編織法重複 6 次，以滑針連結第一個短針（共 60 針）。

以下大人小孩尺寸皆同

下一圈（減針）：1 鎖針（不列入總針數計算），（短針 2 併針，8 短針）括號內此組編織法重複 6 次，以滑針連結第一個短針（共 54 針）。

下一圈（減針）：1 鎖針（不列入總針數計算），（短針 2 併針，7 短針）括號內此組編織法重複 6 次，以滑針連結第一個短針（共 48 針）。

下一圈（減針）：1 鎖針（不列入總針數計算），（短針 2 併針，6 短針）括號內此組編織法重複 6 次，以滑針連結第一個短針（共 42 針）。

下一圈（減針）：1 鎖針（不列入總針數計算），（短針 2 併針，5 短針）括號內此組編織法重複 6 次，以滑針連結第一個短針（共 36 針）。

下一圈（減針）：1 鎖針（不列入總針數計算），（短針 2 併針，4 短針）括號內此組編織法重複 6 次，以滑針連結第一個短針（共 30 針）。

下一圈（減針）：1 鎖針（不列入總針數計算），（短針 2 併針，3 短針）括號內此組編織法重複 6 次，以滑針連結第一個短針（共 24 針）。

下一圈（減針）：1 鎖針（不列入總針數計算），（短針 2 併針，2 短針）括號內此組編織法重複 6 次，以滑針連結第一個短針（共 18 針）。

下一圈（減針）：1 鎖針（不列入總針數計算），（短針 2 併針，1 短針）括號內此組編織法重複 6 次，以滑針連結第一個短針（共 12 針）。

下一圈（減針）：1 鎖針（不列入總針數計算），短針 2 併針重複 6 次，以滑針連結第一個短針（共 6 針）。

拉緊收針，藏好餘線。

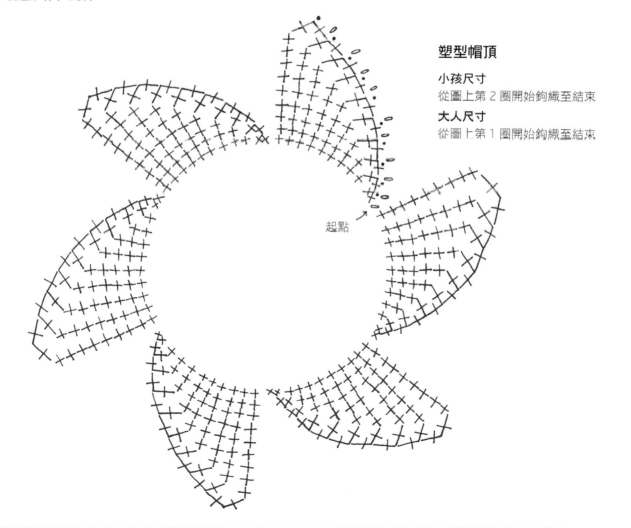

起點

塑型帽頂

小孩尺寸
從圖上第 2 圈開始鉤織至結束

大人尺寸
從圖上第 1 圈開始鉤織至結束

眼球（製作 2 個）

大人小孩尺寸皆同

從眼球前面中央開始，使用 5.5mm 鉤針與 B 色毛線，鉤 4 個鎖針，以滑針連結第一個鎖針，做成一個圈。

* **第 1 圈**：1 鎖針（不列入總針數計算），沿著圈圍鉤 5 個短針，以滑針連結第一個短針（共 5 針）。

第 2 圈（加針）：1 鎖針（不列入總針數計算），2 短針加針重複 5 次，以滑針連結第一個短針（共 10 針）。

第 3 圈（加針）：1 鎖針（不列入總針數計算），（2 短針加針，1 短針）括號內此組編織法重複 5 次，以滑針連結第一個短針（共 15 針）。

第 4 圈（加針）：1 鎖針（不列入總針數計算），（2 短針加針，2 短針）括號內此組編織法重複 5 次，以滑針連結第一個短針（共 20 針）。

以下僅大人尺寸需要

下一圈（加針）：1 鎖針（不列入總針數計算），（2 短針加針，3 短針）括號內此組編織法重複 5 次，以滑針連結第一個短針（共 25 針）。

以下大人小孩尺寸皆同

下一圈：1 鎖針（不列入總針數計算），接下來每一針內鉤 1 短針，以滑針連結第一個短針。

重複上一圈 2 次。 *

以下僅大人尺寸需要

下一圈（減針）：1 鎖針（不列入總針數計算），（短針 2 併針，3 短針）括號內此組編織法重複 5 次，以滑針連結第一個短針（共 20 針）。

以下大人小孩尺寸皆同

下一圈（減針）：1 鎖針（不列入總針數計算），（短針 2 併針，2 短針）括號內此組編織法重複 5 次，以滑針連結第一針（共 15 針）。

下一圈（減針）：1 鎖針（不列入總針數計算），（短針 2 併針，1 短針）括號內此組編織法重複 5 次，以滑針連結第一個短針（共 10 針）。

拉緊收針，留一段稍微長一點的毛線。

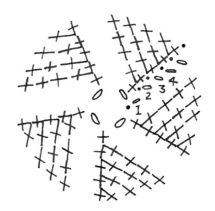

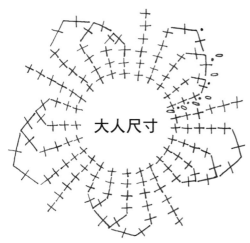

大人尺寸

第6圈到結束

小孩尺寸

第5圈到結束

眼窩（製作 2 個）

大人小孩尺寸皆同

從眼窩背面中央開始，使用 5.5mm 鉤針與 A 色毛線，鉤 4 個鎖針，以滑針連結第一個鎖針，做成一個圈。參照眼球做法 * 之間的編織法。

下一圈：1 鎖針（不列入總針數計算），接下來每一針都在針目外側的線圈鉤 1 短針，以滑針連結第一個短針。

拉緊收針，留一段稍微長一點的毛線。

組合

眼睛

在眼球中塞進一些棉花，用餘線穿過最後一圈針目，輕輕拉緊後收針，把眼球放進眼窩裡，利用鉤織眼窩時所預留的餘線縫合固定，把眼睛縫在帽頂上，接著把大顆的黑色釦子縫在眼球中央。

最後修飾

藏好餘線，把小顆的黑色釦子縫在帽子前緣鼻孔的地方。

製作帽子內襯

做法詳見第 142 到 145 頁，為帽子加上一層舒適的刷毛布料內襯或編織內襯。

小孩尺寸

第5圈到結束

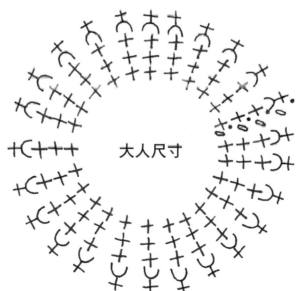

大人尺寸

第6圈到結束

浣熊

使用深灰色毛線鉤織而成，像面具的臉部特徵用米白色和黑色毛線製作，條紋兩股辮看起來就像是浣熊的環紋尾巴一樣。

材料

毛線
Wendy Mode Chunky，50% 羊 毛，50%
壓克力（每球 100 克/153 碼/140 公尺）
夜幕灰（244），A 色 2〔2〕球
香草白（202），B 色 1〔1〕球
煤炭黑（220），C 色 1〔1〕球

鉤針
4.5 mm（UK7:US7）
5.5 mm（UK5:US I/9）

釦子
直徑 2〔2.25〕公分咖啡色 2 個
直徑 1.25〔1.5〕公分黑色 2 個

其他
毛線針
縫衣針
黑色縫衣線
填充棉花少許
製作絨球的薄卡紙

尺寸

適合
頭圍 20 英吋（51 公分）以下的兒童
〔頭圍 22 英吋（56 公分）以下的成人〕

織片密度

4 英吋（10 公分）平方 =13 針 14 段 / 短
針編織，6mm 鉤針。
為求正確，請依個人編織手勁換用較大
或較小的鉤針。

做法

帽子主體以單一深灰色鉤織，臉部特徵以短針分段加針鉤織，製作出兩塊弧形，接著使用主色線深灰色把兩塊弧形接在一起，固定在帽子前面。耳朵也是先製作兩片，然後使用對比色線鉤織合併，鈕釦形狀的鼻子以環狀編織，使用雙色毛線製作兩股辮，能做出條紋效果，最後縫上鈕釦當作眼睛，再加上絨球就完成了。

帽子主體

以下大人小孩尺寸皆同

從帽頂開始製作，使用 5.5mm 鉤針與 A 色毛線，依照第 14 頁上小花豹帽子主體的編織方法來鉤織。

耳蓋內襯（製作 2 個）

如果打算製作編織內襯，此步驟可省略。

大人小孩尺寸皆同

使用 5.5mm 鉤針與 A 色毛線，依照第 18 頁上小花豹耳蓋內襯的編織方法來鉤織。

邊針

使用 4.5mm 鉤針與 A 色毛線，依照第 18 頁上小花豹耳蓋內襯邊針的編織方法來鉤織。

臉部

以下大人小孩尺寸皆同

使用 5.5mm 鉤針與 B 色毛線，鉤 2 個鎖針

段 1：在往回數的第二個鎖針內鉤 2〔3〕短針，翻面（共 2〔3〕針）。

以下僅小孩尺寸需要

段 2（加針）：1 鎖針（不列入總針數計算），2 短針加針重複 2 次，翻面（共 4 針）。

段 3（加針）：1 鎖針（不列入總針數計算），（2 短針加針，1 短針）括號內此組編織法重複 2 次，翻面（共 6 針）。

段 4（加針）：1 鎖針（不列入總針數計算），（2 短針加針，2 短針）括號內此組編織法重複 2 次，翻面（共 8 針）。換成 C 色毛線。

段 5：使用 C 色毛線，1 鎖針（不列入總針數計算），接下來每一針內鉤 1 短針，翻面。

段 6（加針）：使用 C 色毛線，1 鎖針（不列入總針數計算），（2 短針加針，3 短針）括號內此組編織法重複 2 次，翻面（共 10 針）。

段 7（加針）：使用 C 色毛線，1 鎖針（不列入總針數計算），（2 短針加針，4 短針）括號內此組編織法重複 2 次，翻面（共 12 針）。

段 8（加針）：使用 C 色毛線，1 鎖針（不列入總針數計算），（2 短針加針，5 短針）括號內此組編織法重複 2 次，翻面（共 14 針）。

換成 B 色毛線

段 9（加針）：使用 B 色毛線，1 鎖針（不列入總針數計算），（2 短針加針，6 短針）括號內此組編織法重複 2 次，翻面（共 16 針）。

段 10：使用 B 色毛線，1 鎖針（不列入總針數計算），接下來每一針內鉤 1 短針，翻面。

符號

⌒ 鎖針
• 滑針
十 短針
╳╳ 2 短針加針

臉部
小孩尺寸

邊針

合併織片

同時鉤入兩塊織片上的短針，把織片合在一起。

臉部起點

臉部
大人尺寸

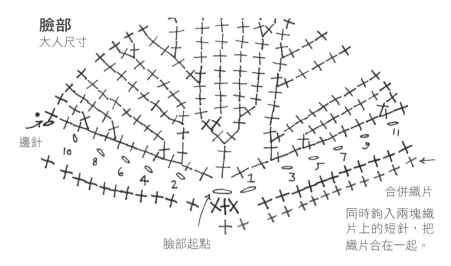

邊針

合併織片
同時鉤入兩塊織
片上的短針，把
織片合在一起。

臉部起點

用 5.5mm 鉤針，接上 A 色毛線，從弧形的角落開始，沿著兩塊織片直線邊的 12〔13〕針，每一針都鉤 1 短針，把兩塊織片連接起來，拉緊收針。

耳朵（製作 2 個）
以下大人小孩尺寸皆同

使用 5.5mm 鉤針與 A 色毛線，鉤 2 個鎖針。

段 1：在往回數的第二個鎖針內鉤 3 短針，翻面（共 3 針）。

段 2（加針）：1 鎖針（不列入總針數計算），2 短針加針，1 短針，2 短針加針，翻面（共 5 針）。

段 3（加針）：1 鎖針（不列入總針數計算），2 短針加針，接下來 3 針每一針都鉤 1 短針，2 短針加針，翻面（共 7 針）。

段 4（加針）：1 鎖針（不列入總針數計算），2 短針加針，接下來 5 針每一針都鉤 1 短針，2 短針加針，翻面（共 9 針）。

段 5（加針）：1 鎖針（不列入總針數計算），2 短針加針，接下來 7 針每一針都鉤 1 短針，2 短針加針，翻面（共 11 針）。

段 6（加針）：1 鎖針（不列入總針數計算），2 短針加針，接下來 9 針每一針都鉤 1 短針，2 短針加針，翻面（共 13 針）。

以下僅大人尺寸需要

下一段（加針）：1 鎖針（不列入總針數計算），2 短針加針，接下來 11 針每一針都鉤 1 短針，2 短針加針，翻面（共 15 針）。

下一段（加針）：1 鎖針（不列入總針數計算），2 短針加針，接下來 13 針每一針都鉤 1 短針，2 短針加針，翻面（共 17 針）。

以下僅大人尺寸需要

段 2：1 鎖針（不列入總針數計算），接下來每一針內鉤 1 短針，翻面。

段 3（加針）：1 鎖針（不列入總針數計算），2 短針加針重複 3 次，翻面（共 6 針）。

段 4（加針）：1 鎖針（不列入總針數計算），（2 短針加針，1 短針）括號內此組編織法重複 3 次，翻面（共 9 針）。換成 C 色毛線。

段 5（加針）：使用 C 色毛線，1 鎖針（不列入總針數計算），（2 短針加針，2 短針）括號內此組編織法重複 3 次，翻面（共 12 針）。

段 6 至段 7：使用 C 色毛線，1 鎖針（不列入總針數計算），接下來每一針內鉤 1 短針，翻面。

段 8（加針）：使用 C 色毛線，1 鎖針（不列入總針數計算），（2 短針加針，3 短針）括號內此組編織法重複 3 次，翻面（共 15 針）。

段 9：使用 C 色毛線，1 鎖針（不列入總針數計算），接下來每一針內鉤 1 短針，翻面。

換成 B 色毛線。

段 10（加針）：使用 B 色毛線，1 鎖針（不列入總針數計算），（2 短針加針，4 短針）括號內此組編織法重複 3 次，翻面（共 18 針）。

段 11（加針）：使用 B 色毛線，1 鎖針（不列入總針數計算），（2 短針加針，5 短針）括號內此組編織法重複 3 次，翻面（共 21 針）。

大人小孩尺寸皆同

邊針

換成 A 色毛線。

下一段（正面）：使用 A 色毛線，1 鎖針（不列入總針數計算），接下來 16〔21〕針每一針都鉤 1 短針，不要翻面，沿著織片的邊緣平均地鉤 10〔11〕短針，最後 1 鎖針裡鉤 3 短針，接著在另一邊平均地鉤 10〔11〕短針，以滑針連結第一個短針（共 39〔46〕針）。拉緊收針。以同樣方法再製作一片，搭配第一片。

合併織片

正面朝上，對齊織片上的弧形和直線，使

以下大人小孩尺寸皆同

下一段（加針）：1 鎖針（不列入總針數計算），翻面。

上一段再重複一次，不要收針。

邊針

接下來（正面）：1 鎖針，沿著邊緣的 8〔10〕段，每一段的邊緣各鉤 1 短針，在耳朵尖端的鎖針內鉤 3 短針，接著在另一邊邊緣的 8〔10〕段，每一段的邊緣各鉤 1 短針。

拉緊收針，留一段稍微長一點的毛線。以同樣方法再製作一片耳朵，搭配第一片。

合併耳朵織片

以背面對齊背面，把兩塊耳朵織片擺在一起，使用 5.5mm 鉤針與 B 色毛線，同時鉤入內耳與外耳上的針目，合併起來，鉤 1 鎖針，接下來 9〔11〕針每一針都鉤 1 短針，2 短針加針，接下來 9〔11〕針每一針都鉤 1 短針，拉緊收針，留一段稍微長一點的毛線。

鼻子

以下大人小孩尺寸皆同

使用 4.5mm 鉤針與 C 色毛線，鉤 4 個鎖針，以滑針連結第一個鎖針，做成一個圈。

第 1 圈：1 鎖針（不列入總針數計算），沿著圈圍鉤 5〔6〕個短針，以滑針連結第一個短針（共 5〔6〕針）。

第 2 圈（加針）：1 鎖針（不列入總針數計算），2 短針加針重複 5〔6〕次，以滑針連結第一個短針（共 10〔12〕針）。

第 3 至第 4 圈：1 鎖針（不列入總針數計算），接下來每一針內鉤 1 短針，以滑針連結第一個短針。

拉緊收針，留一段稍微長一點的毛線。

耳朵
小孩尺寸

合併耳朵織片──同時鉤入兩塊織片上的短針，把織片合在一起。

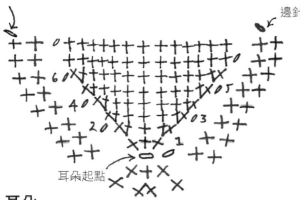

耳朵
大人尺寸

合併耳朵織片──同時鉤入兩塊織片上的短針，把織片合在一起。

鼻子
小孩尺寸

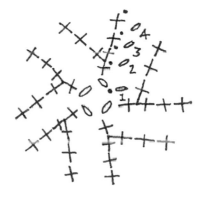

鼻子
大人尺寸

組合

邊針

從正面的地方，使用 4.5mm 鉤針與 A 色毛線，在帽子背面第二片耳蓋的地方接上毛線。

下一段：沿著帽子背面，接下來 10〔12〕針每一針都鉤 1 短針，然後沿著第一片耳蓋邊緣的 9〔11〕段，每一段的邊緣各鉤 1 短針，** 接著在耳蓋內襯比較短的底邊邊緣 3 個短針內分別鉤 2 短針加針、1 短針、2 短針加針。最後在另一邊耳蓋邊緣的 9〔11〕段，每一段的邊緣各鉤 1 短針 **，不要收針。

縫合臉部

以下僅小孩尺寸需要

在下一個短針內鉤 1 短針。

以下大人小孩尺寸皆同

臉部織片正面朝上，擺放在帽子前面的位置，對齊底邊，接下來 22〔24〕針每一針都鉤 1 短針，要同時鉤入臉部織片的邊針和帽子前面的針目，合在一起。

以下僅小孩尺寸需要

在下一個短針內鉤 1 短針。

以下大人小孩尺寸皆同

沿著第二片耳蓋邊緣的 9〔11〕段，每一段的邊緣各鉤 1 短針，重複 ** 之間的編織法，完成第二片耳蓋的邊針，以滑針連結第一個短針（共 80〔90〕針）。

如果打算製作編織內襯，在此收針，略過下一圈邊針。

下一段：1 鎖針（不列入總針數計算），沿著帽子背面，接下來 10〔12〕針每一針都鉤 1 短針，*** 以背面對齊背面，同時鉤入帽子主體上的耳蓋和耳蓋內襯，合在一起，略過耳蓋內襯上的第一個短針，接下來 10〔12〕針每一針都鉤 1 短針，2 短針加針、1 短針、2 短針加針，接下來 10〔12〕針每一針都鉤 1 短針，略過耳蓋內襯上的最後一個短針 ***。接下來在帽子前緣的 24 個短針每一針都鉤 1 短針，重複 *** 之間的編織法，完成第二片耳蓋的邊針，把耳蓋與耳蓋內襯合在一起（共 84〔94〕針）。

以滑針連結下一針，拉緊收針。

利用毛線針和收針時預留的餘線，用滑針把耳蓋內襯的上緣固定在帽子主體內側。

鼻子

把鼻子收針後的餘線穿過最後一圈的針目，收緊開口，縫合固定，製作出一個壓平的扁鼻子，縫在帽子前緣上固定。

耳朵

在耳朵內塞進薄薄一層填充棉花，利用邊針收針後預留的餘線，把內耳與外耳的底邊合在一起，把邊緣兩端拉到中央，做出耳朵的模樣，利用收針後預留的 B 色餘線縫合固定，把兩隻耳朵縫在帽子主體上，沿著耳朵底部邊緣縫一整圈固定。

最後修飾

如果要製作編織內襯，就在加上內襯後，把兩股辮接在耳蓋上，藏好餘線。把小顆的黑色釦子重疊在大顆的咖啡色釦子上面，一起縫在眼睛的地方。以 B 色和 C 色毛線製作兩條兩股辮（做法詳見第 154 頁），長度約為 20〔30〕公分，製作時兩色各使用 3〔4〕股。以 A 色毛線製作兩顆絨球（做法詳見第 155 頁），直徑大小為 5〔6〕公分，把兩顆絨球分別接在兩條兩股辮下方，兩股辮的另一端則縫在耳蓋尖端的地方。

製作帽子內襯

做法詳見第 142 到 145 頁，為帽子加上一層舒適的刷毛布料內襯或編織內襯。

deer

麋鹿

一對鹿角加上天真無邪的大眼，只要使用中
細線，就能鉤織出這隻森林中可愛的小動物。讓我
們戴著麋鹿帽在森林中漫步吧！這頂完美的帽子，
讓你在冷冷的季節裡暖洋洋！

材料

毛線
King Cole Magnum Lightweight
Chunky 25% 羊毛，75% 壓克力（每
球 100 克 /120 碼 /110 公尺）
深棕色（366），A 色 2〔2〕球
淺棕色（316），B 色 1〔2〕球
深灰色（187），C 色 1〔1〕球

鉤針
4.5mm（UK7:US7）
5.5mm（UK5:US I/9）

釦子
直徑 2〔2.25〕公分深棕色 2 個
直徑 1.25〔1.5〕公分黑色 2 個

其他
毛線針
縫衣針
黑色縫衣線
填充棉花少許
製作流蘇穗子的薄卡紙

尺寸

適合
頭圍 20 英吋（51 公分）以下的兒童
〔頭圍 22 英吋（56 公分）以下的成人〕

織片密度

4 英吋（10 公分）平方 =13 針 14 段 /
短針編織，5.5mm 鉤針。
為求正確，請依個人編織手勁換用較大
或較小的鉤針。

做法

帽子主體以短針環狀編織，耳蓋以短針分段平面編織，耳朵先以短針分段製作兩塊織片，合併後縫在帽子上。與本書中其他動物帽子耳朵的做法不同，這對耳朵完全不必填塞棉花。用比較小的鉤針製作鹿角、嘴部和鼻子，則可以鉤織出比較緊的針目，同時讓織片厚實一點。在鹿角和嘴部裡面都填充一些棉花，在鉤織的眼周色塊縫上釦子，最後在兩股辮尾端加上大大的流蘇穗子，就能擁有一頂可愛的麋鹿帽。

帽子主體

大人小孩尺寸皆同

從帽頂開始製作，使用 5.5mm 鉤針與 A 色毛線，依照第 14 頁上小花豹帽子主體的編織方法來鉤織。

耳蓋內襯（製作 2 個）

如果打算製作編織內襯，此步驟可省略。

以下大人小孩尺寸皆同

使用 5.5mm 鉤針與 B 色毛線，依照第 18 頁上小花豹耳蓋內襯的編織方法來鉤織。

邊針

使用 4.5mm 鉤針與 B 色毛線，依照第 18 頁上小花豹耳蓋內襯邊針的編織方法來鉤織。

耳朵（製作 2 個）

以下大人小孩尺寸皆同

使用 5.5mm 鉤針與 A 色毛線，鉤 2 個鎖針。依照第 134 頁上小兔子耳朵的編織方法，鉤織第 1 段到第 10 段。

以下僅大人尺寸需要

下一段：1 鎖針（不列入總針數計算），接下來每一針內鉤 1 短針，翻面。

下一段（加針）：1 鎖針（不列入總針數計算），2 短針加針，接下來 11 針每一針都鉤 1 短針，2 短針加針，翻面（共 15 針）。

下一段：1 鎖針（不列入總針數計算），接下來每一針內鉤 1 短針，翻面。

下一段（加針）：1 鎖針（不列入總針數計算），2 短針加針，接下來 13 針每一針都鉤 1 短針，2 短針加針，翻面（共 17 針）。

以下大人小孩尺寸皆同

下一段：1 鎖針（不列入總針數計算），接下來每一針內鉤 1 短針，翻面。

上面一段再重複 3 次。

拉緊收針，留一段稍微長一點的毛線。

內耳（製作 2 個）

以下大人小孩尺寸皆同

使用 5.5mm 鉤針與 B 色毛線，鉤 2 個鎖針。依照第 136 頁上小兔子內耳的編織方法，鉤織第 1 段到第 10 段。

以下僅大人尺寸需要

下一段（加針）：1 鎖針（不列入總針數計算），2 短針加針，接下來 7 針每一針都鉤 1 短針，2 短針加針，翻面（共 11 針）。

下一段：1 鎖針（不列入總針數計算），接下來每一針內鉤 1 短針，翻面。
上一段再重複一次。

下一段：1 鎖針（不列入總針數計算），2 短針加針，接下來 9 針每一針都鉤 1 短針，2 短針加針，翻面（共 13 針）。

以下大人小孩尺寸皆同

下一段：1 鎖針（不列入總針數計算），接下來每一針內鉤 1 短針，翻面。
上面一段再重複 3 次。

拉緊收針，留一段稍微長一點的毛線。

鹿角（製作 2 個）

以下大人小孩尺寸皆同

使用 4.5mm 鉤針與 B 色毛線，鉤 15 個鎖針，以滑針連結第一個鎖針，做成一個圈。

第 1 圈：1 鎖針（不列入總針數計算），沿著圈圍鉤 18 個短針，以滑針連結第一個短針（共 18 針）。

第 2 圈（減針）：1 鎖針（不列入總針數計算），（短針 2 併針，4 短針）括號內此組編織法重複 3 次，以滑針連結第一個短針（共 15 針）。

第 3 圈（減針）：1 鎖針（不列入總針數計算），（短針 2 併針，3 短針）括號內此組編織法重複 3 次，以滑針連結第一個短針（共 12 針）。

第 4 圈：1 鎖針（不列入總針數計算），接下來每一針內鉤 1 短針，以滑針連結第一個短針。

接下來：重複上一圈 2〔4〕次。

第一個分岔點

接下來：1 鎖針（不列入總針數計算），2 短針加針重複 3 次，略過 6 個短針，2 短針加針重複 3 次，以滑針連結第一個短針。
繼續鉤織這 12 個針目。

下一圈：1 鎖針（不列入總針數計算），接下來每一針內鉤 1 短針，以滑針連結第一個短針。

接下來：重複上一圈 1〔2〕次。

第二個分岔點

下一圈：1 鎖針（不列入總針數計算），2 短針加針，接下來 2 針每一針都鉤 1 短針，略過 6 個短針，2 短針加針，接下來 2 針每一針都鉤 1 短針，以滑針連結第一個短針。
繼續鉤織這 8 個針目。

下一圈：1 鎖針（不列入總針數計算），接下來每一針內鉤 1 短針，以滑針連結第一個短針。

接下來：重複上一圈 3〔4〕次。

塑型鹿角頂部

下一圈：1 鎖針（不列入總針數計算），短針 2 併針，1 短針，2 短針加針重複 2 次，1 短針，短針 2 併針，以滑針連結第一個短針。

接下來：重複上一圈 2 次。

下一圈（減針）：1 鎖針（不列入總針數計算），短針 2 併針，接下來 4 針每一針都鉤 1 短針，短針 2 併針，以滑針連結第一個短針（共 6 針）。
剪斷毛線，用餘線穿過最後一圈針目，拉緊收針。

完成兩個分岔點

在第二個分岔點 6 個針目的地方接上毛線。

* 接下來：1 鎖針（不列入總針數計算），接下來每一針內鉤 1 短針，以滑針連結第一個短針。
重複上一圈 3〔4〕次。
剪斷毛線，用餘線穿過最後一圈針目，拉緊收針。*

在第一個分岔點 6 個針目的地方接上毛線，重複 * 之間的編織法。

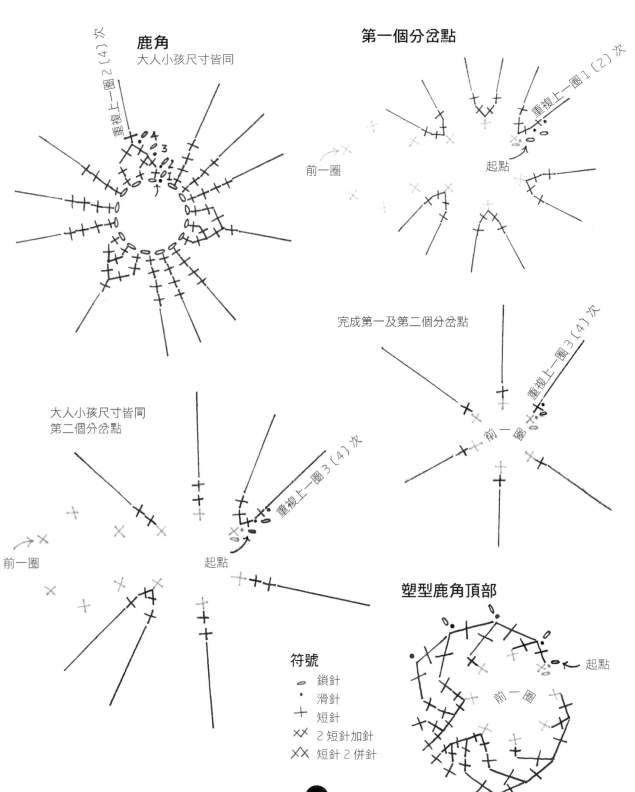

鹿角
大人小孩尺寸皆同

重複上一圈 2〔4〕次

第一個分岔點

重複上一圈 1〔2〕次

前一圈

起點

完成第一及第二個分岔點

重複上一圈 3〔4〕次

前一圈

大人小孩尺寸皆同
第二個分岔點

重複上一圈 3〔4〕次

前一圈

起點

塑型鹿角頂部

起點

前一圈

符號

- ○ 鎖針
- ● 滑針
- ╀ 短針
- ╳ 2 短針加針
- ╳╳ 短針 2 併針

眼周色塊（製作 2 個）

以下大人小孩尺寸皆同

從眼周色塊中央開始，使用 4.5mm 鉤針與 B 色毛線，鉤 4 個鎖針，以滑針連結第一個鎖針，做成一個圈。

第 1 圈：1 鎖針（不列入總針數計算），沿著圈圍鉤 8 個短針，以滑針連結第一個短針（共 8 針）。

第 2 圈（加針）：1 鎖針（不列入總針數計算），2 短針加針重複 8 次，以滑針連結第一個短針（共 16 針）。

拉緊收針，留一段稍微長一點的毛線。

嘴部

以下大人小孩尺寸皆同

使用 4.5mm 鉤針與 B 色毛線，鉤 4 個鎖針，以滑針連結第一個鎖針，做成一個圈。

第 1 圈：1 鎖針（不列入總針數計算），沿著圈圍鉤 6 個短針，以滑針連結第一短針（共 6 針）。

第 2 圈（加針）：1 鎖針（不列入總針數計算），2 短針加針重複 6 次，以滑針連結第一個短針（共 12 針）。

第 3 圈（加針）：1 鎖針（不列入總針數計算），（2 短針加針，1 短針）括號內此組編織法重複 6 次，以滑針連結第一個短針（共 18 針）。

以下僅小孩尺寸需要

下一圈：1 鎖針（不列入總針數計算），接下來每一針內鉤 1 短針，以滑針連結第一個短針。

以下大人小孩尺寸皆同

下一圈（加針）：1 鎖針（不列入總針數計算），（2 短針加針，2 短針）括號內此組編織法重複 6 次，以滑針連結第一個短針（共 24 針）。

下一圈：1 鎖針（不列入總針數計算），接下來每一針內鉤 1 短針，以滑針連結第一個短針。

以下僅大人尺寸需要

下一圈（加針）：1 鎖針（不列入總針數計算），（2 短針加針，3 短針）括號內此組編織法重複 6 次，以滑針連結第一個短針（共 30 針）。

下一圈：1 鎖針（不列入總針數計算），接下來每一針內鉤 1 短針，以滑針連結第一個短針。

拉緊收針，留一段稍微長一點的毛線。

眼周色塊

嘴部
小孩尺寸

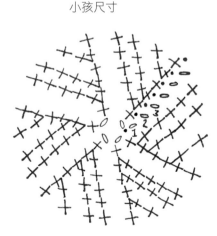

鼻子
小孩尺寸

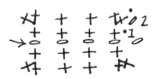

鼻子

以下大人小孩尺寸皆同

使用 4.5mm 鉤針與 C 色毛線，鉤 5 個鎖針。

第 1 圈：在往回數的第二個鎖針內鉤 1 短針，接下來 2 針每一針都鉤 1 短針，最後 1 針鉤 2 短針。在鎖針針目另一邊的線圈內各鉤 1 短針，以滑針連結第一個短針（共 8 針）。

第 2 圈（加針）：1 鎖針（不列入總針數計算），（2 短針加針，2 短針，2 短針加針）括號內此組編織法重複 2 次，以滑針連結第一個短針（共 12 針）。

以下僅大人尺寸需要

第 3 圈（加針）：1 鎖針（不列入總針數計算），（2 短針加針，4 短針，2 短針加針）括號內此組編織法重複 2 次，以滑針連結第一個短針（共 16 針）。

拉緊收針，留一段稍微長一點的毛線。

組合

邊針

從正面的地方，使用 4.5mm 鉤針與 B 色毛線，在帽子背面第二片耳蓋的地方接上毛線，依照第 23 頁上小花豹帽子邊針的編織方法來鉤織。

嘴部與鼻子

利用收針後預留的餘線，把嘴部縫在帽子前緣上固定，留一個小開口，塞一些填充棉花塑型嘴部，再縫合開口。接著把鼻子水平擺放在嘴部中央上方，縫合固定。

鹿角和耳朵

以正面對齊正面，把內耳縫在外耳上，底邊先不縫合，翻出正面，調整位置，讓內耳大約位於中央的位置，與稍微重疊比較大片的外耳，縫合底邊。將兩端拉到中央，做出耳朵的模樣，縫合固定，再把兩隻耳朵縫在帽子主體上，沿著耳朵起針段邊緣縫一整圈，可以避免耳朵往下垂。在

鹿角內塞滿填充棉花，可以用鉛筆或棒針把棉花塞到裡面，縫在帽子頂部兩耳中間，沿著底部邊緣縫一整圈。

最後修飾

如果要製作編織內襯，就在加上內襯後，把兩股辮接在耳蓋上，把眼周色塊縫在帽子上，織片反面朝上，固定在嘴部上面的位置。把小顆的黑色釦子重疊在大顆的咖啡色釦子上面，一起縫在眼周色塊上眼睛的地方。藏好餘線。以 A 色毛線製作兩條兩股辮（做法詳見第 154 頁），長度約為 20〔30〕公分，製作時使用 6〔8〕股毛線。以 C 色毛線製作兩個流蘇穗子（做法詳見第 155 頁），長度約為 10〔13〕公分，分別接在兩條兩股辮下方，兩股辮的另一端則縫在耳蓋尖端的地方。

製作帽子內襯

做法詳見第 142 到 145 頁，為帽子加上一層舒適的刷毛布料內襯或編織內襯。

嘴部
大人尺寸

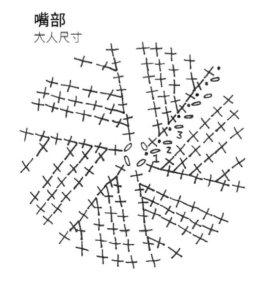

鼻子
大人尺寸

sheep
綿羊

利用泡泡針打造出這隻穿著毛茸茸大衣
的小傢伙，非常保暖又吸睛！給全家人都來
一頂吧！把黑色毛線換成米白色毛線，立刻
變身不同品種的羊！

材料

毛線
King Cole Merino Blend Chunky，
100% 耐洗羊毛（每球 50 克 /74 碼
/67 公尺）
米白色（919），A 色 4〔4〕球
炭黑色（913），B 色 2〔2〕球

鉤針
5mm（UK6;US H/8）
6mm（UK4;US J/10）

釦子
直徑 2〔2.25〕公分白色 2 個
直徑 1.25〔1.5〕公分黑色 2 個

其他
毛線針
縫衣針
黑色縫衣線
填充棉花少許
製作絨球的薄卡紙

尺寸

適合
頭圍 20 英吋（51 公分）以下的兒童
〔頭圍 22 英吋（56 公分）以下的成人〕

織片密度

4 英吋（10 公分）平方 =13 針 14 段 /
短針編織，6mm 鉤針
4 英吋（10 公分）平方 =13 針 11 段 /
圖樣編織，6mm 鉤針
為求正確，請依個人編織手勁換用較大
或較小的鉤針。

特殊縮寫
泡泡針（mb）
鉤織時，泡泡針會出現在帽子的反面。繞線，把鉤
針穿進下一個針目；勾線，把勾住的毛線穿過針目
（鉤針上有 3 個線圈），再次勾線，接著把勾住的
毛線穿過 2 個線圈（鉤針上有 2 個線圈）；＊繞線，
把鉤針穿進同一個針目，勾線，把勾住的毛線穿過
針目（鉤針上有 4 個線圈），勾線，接著把勾住的
毛線穿過 2 個線圈＊（鉤針上有 3 個線圈）。兩個＊
之間的編織法再重複 2 次（鉤針上有 5 個線圈），
繞線，接著把繞住的毛線穿過全部 5 個線圈。

做法

帽子主體以環狀編織，從帽頂開始製作，製作時泡泡針會出現在反面，所以鉤織時的正面是最後成品的反面。臉部分段平面編織而成，分區塊接上小球毛線來製作，以短針環狀編織製作耳朵，不必填充棉花，只要塑型固定後縫在帽子上即可。縫上釦子當作眼睛，再繡出鼻子，最後加上兩股辮和絨球就大功告成了。

帽子主體

大人小孩尺寸皆同

從帽頂開始製作，使用 6mm 鉤針與 A 色毛線，鉤 4 個鎖針，以滑針連結第一個鎖針，做成一個圈。

第 1 圈：1 鎖針（不列入總針數計算），沿著圈圍鉤 6 個短針，以滑針連結第一個短針（共 6 針）。

第 2 圈（加針）：1 鎖針（不列入總針數計算），第一針鉤 1 短針，同樣針目位置再鉤 1 泡泡針，（1 短針加 1 泡泡針）括號內此組編織法重複 5 次，以滑針連結第一個短針（共 12 針 /6 短針加 6 泡泡針）

第 3 圈（加針）：1 鎖針（不列入總針數計算），2 短針加針重複 12 次，以滑針連結第一個短針（共 24 針）。

第 4 圈（加針）：1 鎖針（不列入總針數計算），第一針鉤 1 短針，同樣針目位置再鉤 1 泡泡針，（1 短針加 1 泡泡針）括號內此組編織法重複 11 次，以滑針連結

第一個短針（共 12 短針加 12 泡泡針）

第 5 圈（加針）：1 鎖針（不列入總針數計算），（2 短針加針，1 短針）括號內此組編織法重複 12 次，以滑針連結第一個短針（共 36 針）。

第 6 圈（加針）：1 鎖針（不列入總針數計算），第一針鉤 1 短針，同樣針目位置再鉤 1 泡泡針，（1 短針加 1 泡泡針）括號內此組編織法重複 17 次，以滑針連結第一個短針（共 18 短針加 18 泡泡針）。

第 7 圈（加針）：1 鎖針（不列入總針數計算），（2 短針加針，2 短針）括號內此組編織法重複 12 次，以滑針連結第一個短針（共 48 針）。

帽子主體
大人尺寸

小孩尺寸
依照編織圖一直鉤織到第 10 圈

符號

⟳ 鎖針

· 滑針

+ 短針

✕✕ 2 短針加針

✕✕ 短針 2 併針

🔮 泡泡針 (mb)

▢ A 色毛線

▨ B 色毛線

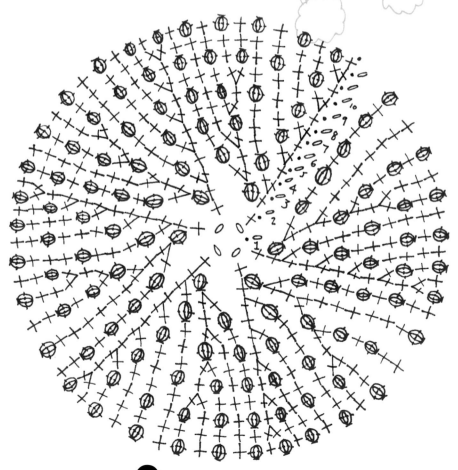

第8圈（加針）：1鎖針（不列入總針數計算），第一針鉤1短針，同樣針目位置再鉤1泡泡針，（1短針加1泡泡針）括號內此組編織法重複23次，以滑針連結第一個短針（共24短針加24泡泡針）

第9圈（加針）：1鎖針（不列入總針數計算），（2短針加針，3短針）括號內此組編織法重複12次，以滑針連結第一個短針（共60針）。

第10圈（加針）：1鎖針（不列入總針數計算），第一針鉤1短針，同樣針目位置再鉤1泡泡針，（1短針加1泡泡針）括號內此組編織法重複29次，以滑針連結第一個短針（共30短針加30泡泡針）。

以下僅大人尺寸需要

下一圈（加針）：1鎖針（不列入總針數計算），（2短針加針，9短針）括號內此組編織法重複6次，以滑針連結第一個短針（共66針）。

下一圈（加針）：1鎖針（不列入總針數計算），第一針鉤1短針，同樣針目位置再鉤1泡泡針，（1短針加1泡泡針）括號內此組編織法重複32次，以滑針連結第一個短針（共33短針加33泡泡針）。

塑型臉部

以下大人小孩尺寸皆同

下一圈：1鎖針（不列入總針數計算），接下來每一針內鉤1短針，以滑針連結第一個短針。

接下來分段平面編織：

段1：1鎖針（不列入總針數計算），第一針鉤1短針，同樣針目位置再鉤1泡

泡針，（1短針加1泡泡針）括號內此組編織法重複11〔12〕次，接上B色毛線，接下來12〔14〕針每一針都鉤1短針，在這裡接上另一球A色毛線，鉤（1泡泡針加1短針）括號內此組編織法重複12〔13〕次，翻面。

段2：使用A色毛線，1鎖針（不列入總針數計算），接下來23〔25〕針每一針都鉤1短針，使用B色毛線，接下來14〔16〕針每一針都鉤1短針，使用A色毛線，接下來23〔25〕針每一針都鉤1短針，翻面。

段3：使用A色毛線，1鎖針（不列入總針數計算），（1短針加1泡泡針）括號內此組編織法重複11〔12〕次，使用B色毛線，接下來16〔18〕針每一針都鉤1短針，使用A色毛線，（1泡泡針加1短針）括號內此組編織法重複11〔12〕次，翻面。

段4：使用A色毛線，1鎖針（不列入總針數計算），接下來21〔23〕針每一針都鉤1短針，使用B色毛線，接下來18〔20〕針每一針都鉤1短針，使用A色毛線，接下來21〔23〕針每一針都鉤1短針，翻面。

段5：使用A色毛線，1鎖針（不列入總針數計算），（1短針加1泡泡針）括號內此組編織法重複10〔11〕次，使用B色毛線，接下來20〔22〕針每一針都鉤1短針，使用A色毛線，（1泡泡針加1短針）括號內此組編織法重複10〔11〕次，翻面。

段6：使用A色毛線，1鎖針（不列入總針數計算），接下來19〔21〕針每一針都鉤1短針，使用B色毛線，接下來22〔24〕針每一針都鉤1短針，使用A色毛線，接

下來19〔21〕針每一針都鉤1短針，翻面。

段7：使用A色毛線，1鎖針（不列入總針數計算），（1短針加1泡泡針）括號內此組編織法重複9〔10〕次，使用B色毛線，接下來24〔26〕針每一針都鉤1短針，使用A色毛線，（1泡泡針加1短針）括號內此組編織法重複9〔10〕次，翻面。

段8：使用A色毛線，1鎖針（不列入總針數計算），接下來18〔20〕針每一針都鉤1短針，使用B色毛線，接下來24〔26〕針每一針都鉤1短針，使用A色毛線，接下來18〔20〕針每一針都鉤1短針，翻面。

段9：編織方法與段7相同。
段10：編織方法與段8相同。
繼續以A色毛線鉤織。

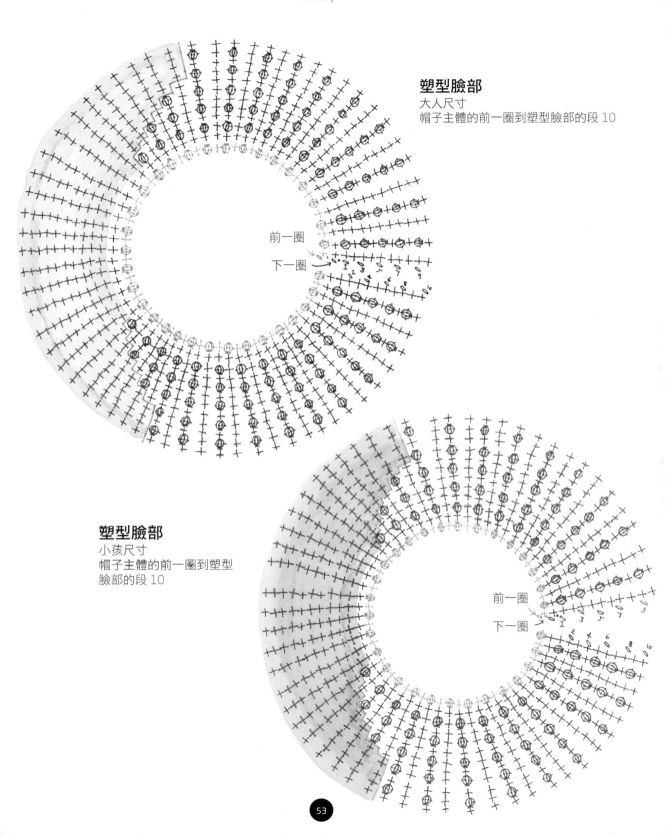

塑型臉部
大人尺寸
帽子主體的前一圈到塑型臉部的段 10

前一圈
下一圈

塑型臉部
小孩尺寸
帽子主體的前一圈到塑型
臉部的段 10

前一圈
下一圈

第一片耳蓋

下一段：1 鎖針（不列入總針數計算），接下來 6〔7〕針每一針都鉤 1 短針，（下一針鉤 1 泡泡針，1 短針）括號內此組編織法重複 6〔7〕次，翻面。

* 下一段（正面）（減針）：1 鎖針（不列入總針數計算），短針 2 併針重複 2 次，接下來 5〔7〕針每一針都鉤 1 短針，短針 2 併針重複 2 次，翻面（共 9〔11〕針）。

以下僅大人尺寸需要

下一段：1 鎖針（不列入總針數計算），第一針鉤 1 短針，（下一針鉤 1 泡泡針，1 短針）括號內此組編織法重複 5 次，翻面。

下一段（減針）：1 鎖針（不列入總針數計算），短針 2 併針，接下來 7 針每一針都鉤 1 短針，短針 2 併針，翻面（共 9 針）。

以下大人小孩尺寸皆同

下一段：1 鎖針（不列入總針數計算），第一針鉤 1 短針，（下一針鉤 1 泡泡針，1 短針）括號內此組編織法重複 4 次，翻面。

下一段（減針）：1 鎖針（不列入總針數計算），短針 2 併針，接下來 5 針每一針都鉤 1 短針，短針 2 併針，翻面（共 7 針）。

下一段：1 鎖針（不列入總針數計算），第一針鉤 1 短針，（下一針鉤 1 泡泡針，1 短針）括號內此組編織法重複 3 次，翻面。

下一段（減針）：1 鎖針（不列入總針數計算），短針 2 併針，接下來 3 針每一針都鉤 1 短針，短針 2 併針，翻面（共 5 針）。

下一段（減針）：1 鎖針（不列入總針數計算），短針 2 併針，下一針鉤 1 泡泡針，短針 2 併針，翻面（共 3 針）。

下一段：1 鎖針（不列入總針數計算），接下來每一針內鉤 1 短針。*
拉緊收針。

第二片耳蓋

接下來：從帽子正面的地方，在帽子前面接上 B 色毛線，接下來 24 針每一針都鉤 1 短針，使用 A 色毛線，在下一針鉤 1 短針，（下一針鉤 1 泡泡針，1 短針）括號內此組編織法重複 6〔7〕次，翻面。

接下來：參照第一片耳蓋做法 * 之間的編織法，拉緊收針。

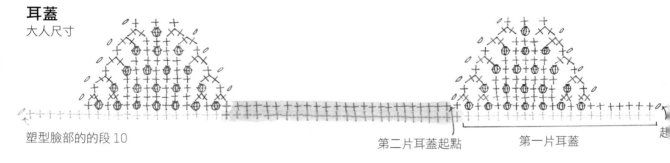

耳蓋
大人尺寸

塑型臉部的的段 10　　　　　第二片耳蓋起點　　第一片耳蓋　　　　起

耳蓋
小孩尺寸

塑型臉部的的段 10　　　　　第二片耳蓋起點　　第一片耳蓋　　　　起黑

耳蓋內襯（製作 2 個）

如果打算製作編織內襯，此步驟可省略。

以下大人小孩尺寸皆同

使用 6mm 鉤針與 A 色毛線，依照第 18 頁上小花豹耳蓋內襯的編織方法來鉤織。

邊針

使用 5mm 鉤針與 A 色毛線，依照第 18 頁上小花豹耳蓋內襯邊針的編織方法來鉤織。

耳朵（製作 2 個）

以下大人小孩尺寸皆同

從耳朵頂端開始，使用 6mm 鉤針與 B 色毛線，鉤 4 個鎖針，以滑針連結第一個鎖針，做成一個圈。

依照第 116 頁上長頸鹿耳朵的編織方法來鉤織。

拉緊收針，留一段稍微長一點的毛線。

組合

邊針

縫合帽子背面接縫，從正面的地方，使用 5mm 鉤針與 A 色毛線，在帽子背面第一片耳蓋的地方接上毛線。

下一段：沿著帽子背面，接下來 10〔12〕針每一針都鉤 1 短針，然後沿著第一片耳蓋邊緣的 9〔11〕段，每一段的邊緣各鉤 1 短針，** 接著在耳蓋內襯比較短的底邊邊緣 3 個短針內分別鉤 2 短針加針、1 短針、2 短針加針。最後在另一邊耳蓋邊緣的 9〔11〕段，每一段的邊緣各鉤 1 短針 **，接下來在帽子前緣的 24 個短針每一針都鉤 1 短針，然後沿著第二片耳蓋邊緣的 9〔11〕段，每一段的邊緣各鉤 1 短針，重複 ** 之間的編織法，完成第二片耳蓋的邊針，以滑針連結第一個短針（共 80〔90〕針）。

如果打算製作編織內襯，在此收針，略過下一圈邊針。

下一段：1 鎖針（不列入總針數計算），沿著帽子背面，接下來 10〔12〕針每一針都鉤 1 短針，*** 以背面對齊背面，同時鉤入帽子主體上的耳蓋和耳蓋內襯，合在一起，略過耳蓋內襯上的第一個短針，接下來 10〔12〕針每一針都鉤 1 短針，2 短針加針，1 短針，2 短針加針，接下來 10〔12〕針每一針都鉤 1 短針，略過耳蓋內襯上的最後一個短針 ***。接下來在帽子前緣的 24 個短針每一針都鉤 1 短針，重複 *** 之間的編織法，完成第二片耳蓋的邊針，把耳蓋與耳蓋內襯合在一起（共 84〔94〕針）。以滑針連結下一針，拉緊收針。

利用毛線針和收針時預留的餘線，用滑針把耳蓋內襯的上緣固定在帽子主體內側。

耳朵

利用收針後預留的餘線，在耳朵兩邊最後一圈縫合開口處，把邊緣兩端拉到中央，做出耳朵的模樣，在底邊穿線，拉線收緊針目，把兩隻耳朵縫在帽子主體上，沿著耳朵底部邊緣縫一整圈固定。

最後修飾

如果要製作編織內襯，就在加上內襯後，把兩股辮接在耳蓋上，藏好餘線。把小顆的黑色鈕子重疊在大顆的白色鈕子上面，一起縫在眼睛的地方。使用 A 色毛線，以單線飛羽繡縫出鼻子（做法詳見第 155 頁）。以 B 色毛線製作兩條兩股辮（做法詳見第 154 頁），長度約為 20〔30〕cm，製作時使用 6〔8〕股毛線。以 A 色毛線製作兩顆絨球（做法詳見第 155 頁），直徑大小為 5〔6〕公分，把兩顆絨球分別接在兩條兩股辮下方，兩股辮的另一端則縫在耳蓋尖端的地方。把兩股辮的餘線藏在耳蓋內襯的針目中，不要讓黑色毛線從耳蓋前面露出來。

製作帽子內襯

做法詳見第 142 到 145 頁，為帽子加上一層舒適的刷毛布料內襯或編織內襯。

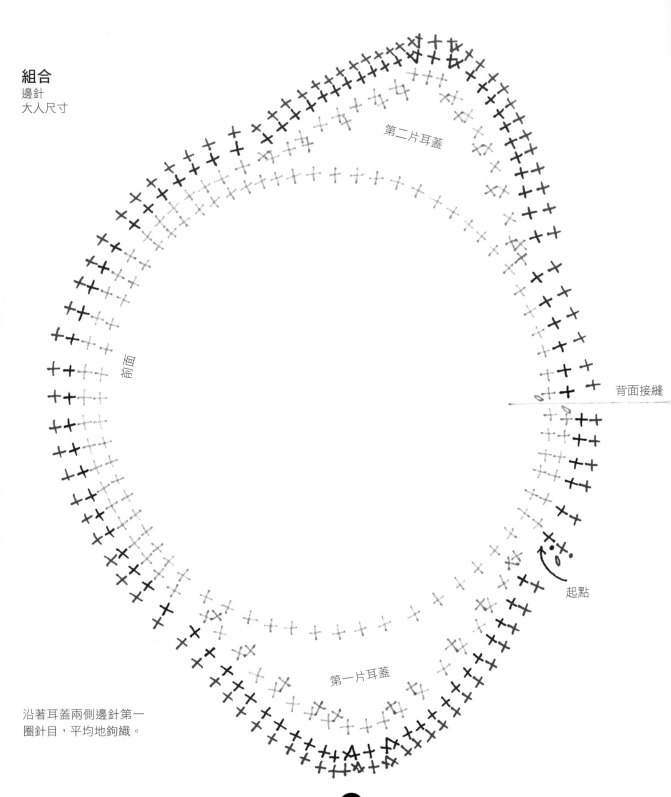

組合
邊針
大人尺寸

第二片耳蓋

前面

背面接縫

起點

第一片耳蓋

沿著耳蓋兩側邊針第一
圈針目,平均地鉤織。

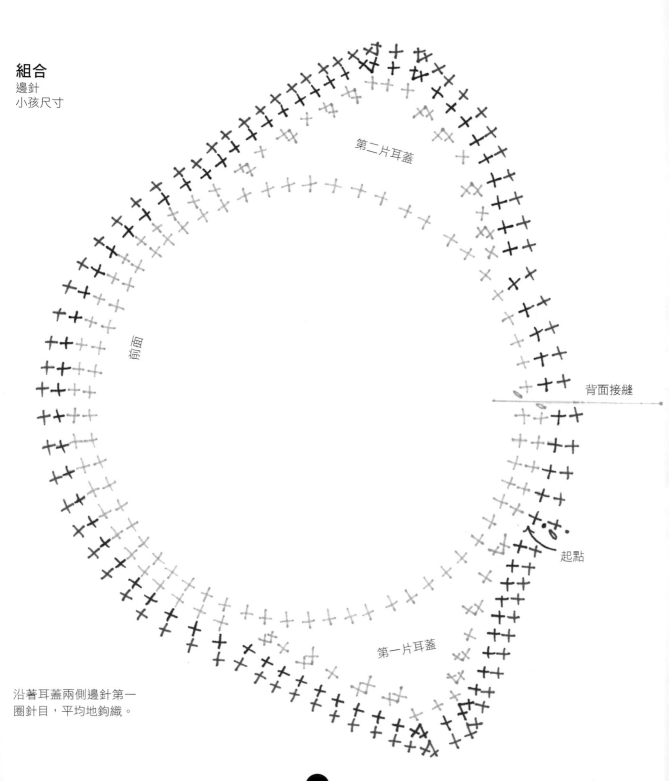

組合
邊針
小孩尺寸

第二片耳蓋

前面

背面接縫

起點

第一片耳蓋

沿著耳蓋兩側邊針第一
圈針目，平均地鉤織。

鸚鵡

色彩鮮豔的鸚鵡帽，能讓沉悶的日子明亮
起來，為冬天的服飾帶來屬於熱帶的趣味。這
頂帽子使用了特殊針法來製作翅膀上的羽毛，
想挑戰編織技巧的你，一定要試看看！

材料

毛線
King Cole Merino Blend Chunky，100% 耐
洗羊毛（每球 50 克 /74 碼 /67 公尺）
紅色（921），A 色 3〔3〕球
藍色（859），B 色 2〔2〕球
黃色（928），C 色 1〔1〕球
白色（919），D 色 1〔1〕球
黑色粗線少許，E 色

鉤針
5mm（UK6:US H/8）
6mm（UK4:US J/10）

釦子
直徑 1.5 公分黑色 2 個

其他
毛線針
縫衣針
黑色縫衣線
填充棉花少許
製作流蘇穗子的薄卡紙

尺寸

適合
頭圍 20 英吋（51 公分）以下的兒童
〔頭圍 22 英吋（56 公分）以下的成人〕

織片密度

4 英吋（10 公分）見方 =13 針 14 段 / 短
針編織，6mm 鉤針。
為求正確，請依個人編織手勁換用較大或
較小的鉤針。

做法

帽子主體以環狀編織方式，至於耳蓋和耳蓋內襯以短針分段平面編織，在帽頂的螺旋冠羽、翅膀、眼睛和鳥喙，則使用比較小的鉤針來編織，方能鉤出較緊的針目。翅膀上的羽毛以鱷魚片針製作而成，只要繞著前一段的長針鉤織，就能做出片片羽毛的效果。以短針環狀編織製作眼睛，再搭配中長針和長針加以變化。鳥喙是一片對摺的圓形織片，塞進棉花後縫合，做出一個簡單的弧形，最後縫上小釦子當作眼珠，加上兩股辮和流蘇穗子，就大功告成了。

帽子主體

以下大人小孩尺寸皆同

從帽頂開始製作，使用 6mm 鉤針與 A 色毛線，依照第 14 頁上小花豹帽子主體的編織方法來鉤織。

耳蓋內襯（製作 2 個）

如果打算製作編織內襯，此步驟可省略。

大人小孩尺寸皆同

使用 6mm 鉤針與 B 色毛線，依照第 18 頁上小花豹耳蓋內襯的編織方法來鉤織。

邊針

使用 5mm 鉤針與 A 色毛線，依照第 18 頁上小花豹耳蓋內襯邊針的編織方法來鉤織。

螺旋冠羽

使用 5mm 鉤針與 B 色毛線，在帽頂第一圈的 1 個短針內接上毛線。

接下來： * 鉤 11〔13〕鎖針，在往回數的第二個鎖針內鉤 2 短針，接下來 9〔11〕針每一針都鉤 2 短針，以滑針連結帽頂接線處的同一個短針 *。重複一次星號 * 之間的編織法，以滑針連結下一個短針。

接下來： 重複星號 * 之間的編織法，在帽頂第一圈其餘 5 個短針內，各鉤 2 個螺旋冠羽（共 12 個螺旋）。

拉緊收針，藏好餘線。

可以依照第 79 頁上呱呱鴨帽子螺旋的編織圖來鉤織。

翅膀（製作 2 個）

從翅膀的尖端開始製作，使用 5mm 鉤針與 B 色毛線，鉤 9 個鎖針起針。

依照第 14 頁上貓頭鷹翅膀的編織方法來鉤織，以 B 色毛線製作段 1 至段 6，C 色毛線製作段 7 至段 12，A 色毛線製作段 13 至結尾。

拉緊收針，留一段稍微長一點的毛線。

眼睛（製作 2 個）

使用 5mm 鉤針與 D 色毛線，鉤 4 個鎖針，以滑針連結第一個鎖針，做成一個圈。

第1圈：1 鎖針（不列入總針數計算），沿著圈圈鉤 6〔7〕個短針，以滑針連結第一個短針（共 6〔7〕針）。

第2圈（加針）：1 鎖針（不列入總針數計算），第一針內鉤 2 短針加針，下一針內鉤 2 中長針加針，2 長針加針重複 2〔3〕次，2 中長針加針，2 短針加針，以滑針連結第一個短針（共 12〔14〕針）。

第3圈（加針）：1 鎖針（不列入總針數計算），2 短針加針重複 3〔4〕次，下一針內鉤 2 中長針加針，2 長針加針重複 4〔4〕次，2 中長針加針，2 短針加針重複 3〔4〕次，以滑針連結第一個短針（共 24〔28〕針）。

第4圈（加針）：1 鎖針（不列入總針數計算），接下來 8〔9〕針內各鉤 1 短針，2 中長針加針，接下來 2〔3〕針內各鉤 1 長針，2 長針加針重複 2〔2〕次，接下來 2〔3〕針內各鉤 1 長針，2 中長針加針，接下來 8〔9〕針內各鉤 1 短針，以滑針連結第一個短針（共 28〔32〕針）。

換成 A 色毛線。

第5圈（加針）：1 鎖針（不列入總針數計算），接下來 6〔8〕針內各鉤 1 短針，（2 短針加針，2 短針）括號內此組編織法重複 6〔6〕次，接下來 4〔6〕針內各鉤 1 短針，以滑針連結第一個短針（共 34〔38〕針）。拉緊收針，留一段稍微長一點的毛線。

符號

- ⌒ 鎖針
- • 滑針
- ┼ 短針
- ⅩⅩ 2 短針加針
- ⋀ 短針 2 併針
- ⊤ 2 中長針加針
- ∨ 長針
- ⊤̅ 2 長針加針

眼睛
小孩尺寸

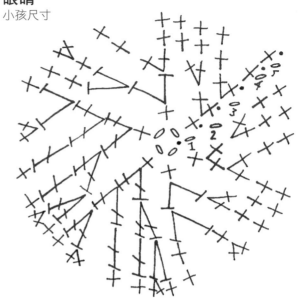

眼睛
大人尺寸

鳥喙

使用 5mm 鉤針與 E 色毛線，鉤 4 個鎖針，以滑針連結第一個鎖針，做成一個圈。

第 1 圈：1 鎖針（不列入總針數計算），沿著圈圍鉤 6〔7〕個短針，以滑針連結第一個短針（共 6〔7〕針）。

第 2 圈（加針）：1 鎖針（不列入總針數計算），2 短針加針重複 6〔7〕次，以滑針連結第一個短針（共 12〔14〕針）。

第 3 圈（加針）：1 鎖針（不列入總針數計算），（2 短針加針，1 短針）括號內此組編織法重複 6〔7〕次，以滑針連結第一個短針（共 18〔21〕針）。

第 4 圈（加針）：1 鎖針（不列入總針數計算），（2 短針加針，2 短針）括號內此組編織法重複 6〔7〕次，以滑針連結第一個短針（共 24〔28〕針）。

第 5 圈（加針）：1 鎖針（不列入總針數計算），（2 短針加針，3 短針）括號內此組編織法重複 6〔7〕次，以滑針連結第一個短針（共 30〔35〕針）。

第 6 圈（加針）：1 鎖針（不列入總針數計算），（2 短針加針，4 短針）括號內此組編織法重複 6〔7〕次，以滑針連結第一個短針（共 36〔42〕針）。

以滑針連結下一針，拉緊收針，留一段稍微長一點的毛線。

鳥喙
小孩尺寸

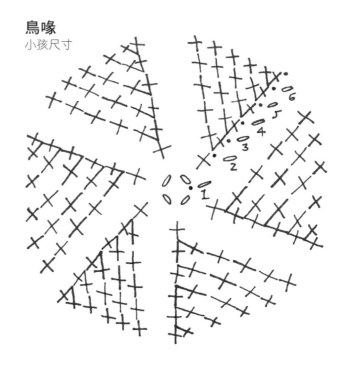

鳥喙
大人尺寸

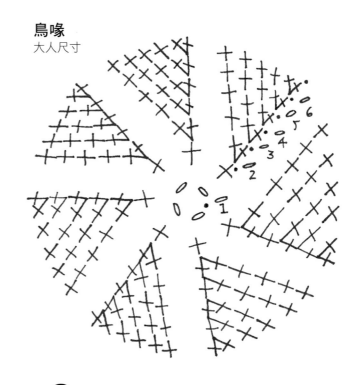

符號

- ⌒　鎖針
- •　滑針
- ✛　短針
- ⤬✛　2 短針加針

組合

邊針

使用 5mm 鉤針與 A 色毛線，從正面在帽子後面第二片耳蓋的位置接上毛線，依照第 23 頁上小花豹帽子邊針的編織方法來鉤織。

眼睛

把眼睛擺放在帽子前面，較寬的一邊在帽簷上方，利用收針後預留的餘線，沿著周圍縫上，中間用同色毛線縫幾針固定。兩邊各縫上一個釦子，固定在第一圈鉤針的中央，眼睛就完成了。

鳥喙

把鉤織好的一片圓形對摺，利用收針後預留的餘線縫合圓周接縫，留一個小開口，塞一些填充棉花裝進鳥喙，再縫合開口，把鳥喙縫在兩隻眼睛中間的位置，彎曲的那一邊朝外，在底部沿著周圍縫上固定。

翅膀

如果要製作編織內襯，就在加上內襯後，把翅膀和兩股辮接在耳蓋上，以熨斗低溫熨燙翅膀，把翅膀分別放在兩側耳蓋上，以同色毛線縫合固定。

最後修飾

藏好餘線。以 B 色毛線製作兩條兩股辮（做法詳見第 154 頁），以 B 色毛線製作兩個流蘇穗子（做法詳見第 155 頁），長度約為 10〔13〕公分，分別接在兩條兩股辮下方，兩股辮的另一端則縫在耳蓋尖端的地方。

製作帽子內襯

做法詳見第 142 到 145 頁，為帽子加上一層舒適的刷毛布料內襯或編織內襯。

斑馬

俐落的黑白條紋斑馬帽搭配上同色系的
流蘇鬃毛，還有雙色條紋兩股辮，讓這頂帽子
戴起來超有趣！再加上耳朵和刺繡鼻孔等裝飾
細節，外出戴上這頂帽子超吸睛！

材料

毛線

James C Brett Chunky with Merino，70% 壓
克力、20% 聚醯胺纖維、10% 美麗諾羊
毛（每球 100 克 /164 碼 /150 公尺）
白色（CM1），A 色 1〔1〕球
黑色（CM2），B 色 2〔2〕球

鉤針

4.5 mm（UK7:US7）
5mm（UK6:US H/8）
6mm（UK4:USJ/10）

釦子

直徑 2〔2.25〕公分白色 2 個
直徑 1.25〔1.5〕公分黑色 2 個

其他

毛線針
縫衣針

黑色縫衣線
填充棉花少許
製作流蘇穗子的薄卡紙

尺寸

適合

頭圍 20 英吋（51 公分）以下的兒童
〔頭圍 22 英吋（56 公分）以下的成人〕

織片密度

4 英吋（10 公分）見方 =13 針 14 段 / 短
針編織，6mm 鉤針。

為求正確，請依個人編織手勁換用較大或
較小的鉤針。

做法

每隔兩段換色鉤織，就能夠製作出條紋效果。黑色的耳朵以短針環狀編織，白色的內耳以分段平面編織縫上去，鼻子則用較小的鉤針製作，鉤出厚實的織片，再填入棉花做出形狀，最後再繡上鼻孔。以短針分段鉤出條紋寬帶，寬帶長邊加上流蘇，做成斑馬的鬃毛，然後縫在帽子後面的地方，一頂栩栩如生的斑馬帽就完成了。

帽子主體

以下大人小孩尺寸皆同

從帽頂開始製作，使用 6mm 鉤針與 A 色毛線，鉤 4 個鎖針，以滑針連結第一個鎖針，做成一個圈。

第 1 圈：1 鎖針（不列入總針數計算），沿著圈圍鉤 6 個短針，以滑針連結第一個短針（共 6 針）。

第 2 圈（加針）：1 鎖針（不列入總針數計算），2 短針加針重複 6 次，以滑針連結第一個短針（共 12 針）。換成 B 色毛線。

第 3 圈（加針）：使用 B 色毛線，1 鎖針（不列入總針數計算），（2 短針加針，1 短針）括號內此組編織法重複 6 次，以滑針連結第一個短針（共 18 針）。

第 4 圈（加針）：1 鎖針（不列入總針數計算），（2 短針加針，2 短針）括號內此組編織法重複 6 次，以滑針連結第一個短針（共 24 針）。

第 5 圈（加針）：使用 A 色毛線，1 鎖針（不列入總針數計算），（2 短針加針，3 短針）括號內此組編織法重複 6 次，以滑針連結第一個短針（共 30 針）。

第 6 圈（加針）：1 鎖針（不列入總針數計算），（2 短針加針，4 短針）括號內此組編織法重複 6 次，以滑針連結第一個短針（共 36 針）。

第 7 圈（加針）：使用 B 色毛線，1 鎖針（不列入總針數計算），（2 短針加針，5 短針）括號內此組編織法重複 6 次，以滑針連結第一個短針（共 42 針）。

第 8 圈（加針）：1 鎖針（不列入總針數計算），（2 短針加針，6 短針）括號內此組編織法重複 6 次，以滑針連結第一個短針（共 48 針）。

第 9 圈之後，繼續依照第 14 頁上小花豹帽子主體的編織方法來鉤織，依序輪流使用 A 色及 B 色毛線，小孩尺寸的最後 1 圈應為 B 色，大人尺寸的最後 2 圈應為 A 色。

第一片耳蓋

以下大人小孩尺寸皆同

下一段：使用 B 色毛線，從背面中央開始，1 鎖針（不列入總針數計算），接下來 5〔6〕針每一針都鉤 1 短針。

接下來分段平面編織：

段 1（正面）：使用 B 色毛線，接下來 13〔15〕針每一針都鉤 1 短針，翻面。

以下僅大人尺寸需要

段 2（反面）（減針）：使用 B 色毛線，1 鎖針（不列入總針數計算），短針 2 併針，接下來 11 針每一針都鉤 1 短針，短針 2 併針，翻面，1 鎖針（不列入總針數計算）。換成 A 色毛線。

下一段：使用 A 色毛線，接下來 13 針每一針都鉤 1 短針，翻面。

以下大人小孩尺寸皆同

下一段（減針）：繼續上述方法，依照第 16 頁上小花豹耳蓋的編織方法，參照星號 * 之間的編織法，同時記得每兩段毛線就要換色。小孩尺寸的最後一段以 B 色毛線製作。拉緊收針。

第二片耳蓋

下一段：從正面的地方，在帽子前面接上 B 色毛線，沿著帽子前面，接下來 24 針每一針都鉤 1 短針，依照第 16 頁上小花豹耳蓋的編織方法，完成第二片耳蓋，記得每兩段毛線就要換色，讓條紋配色與第一片耳蓋一致。

耳蓋內襯（製作 2 個）

如果打算製作編織內襯，此步驟可省略。

以下大人小孩尺寸皆同

使用 6mm 鉤針與 A 色毛線，依照第 18 頁上小花豹耳蓋內襯的編織方法來鉤織。

邊針

使用 5mm 鉤針與 B 色毛線，依照第 18 頁上小花豹耳蓋內襯邊針的編織方法來鉤織。

耳朵（製作 2 個）

以下大人小孩尺寸皆同

從耳朵頂端開始，使用 6mm 鉤針與 B 色毛線，鉤 4 個鎖針，以滑針連結第一個鎖針，做成一個圈。

依照第 116 頁上長頸鹿耳朵的編織方法來鉤織，拉緊收針，留一段稍微長一點的毛線。

內耳（製作 2 個）

以下大人小孩尺寸皆同

使用 6mm 鉤針與 A 色毛線，鉤 2 個鎖針。

段1：在往回數的第二個鎖針內鉤 3 短針，翻面（共 3 針）。

段2：1 鎖針（不列入總針數計算），接下來每一針內鉤 1 短針，翻面。

段3（加針）：1 鎖針（不列入總針數計算），2 短針加針，1 短針，2 短針加針，翻面（共 5 針）。

段4：編織方法與段 2 相同。

段5（加針）：1 鎖針（不列入總針數計算），2 短針加針，接下來 3 針每一針都鉤 1 短針，2 短針加針，翻面（共 7 針）。

段6：編織方法與段 2 相同。

以下僅大人尺寸需要

下一段（加針）：1 鎖針（不列入總針數計算），2 短針加針，接下來 5 針每一針都鉤 1 短針，2 短針加針，翻面（共 9 針）。

以下大人小孩尺寸皆同

下一段：編織方法與段 2 相同。

下一段：上面一段再重複 1〔3〕次。

拉緊收針，留一段稍微長一點的毛線。

符號

- ͻ　鎖針
- ·　滑針
- ┼　短針
- ⋉　2 短針加針

內耳
小孩尺寸

內耳
大人尺寸

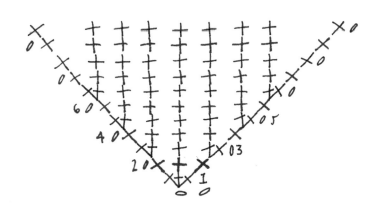

鼻子

以下大人小孩尺寸皆同

使用 4.5mm 鉤針與 B 色毛線，鉤 4 個鎖針，
以滑針連結第一個鎖針，做成一個圈。

第 1 圈：1 鎖針（不列入總針數計算），
沿著圈圍鉤 6 個短針，以滑針連結第一個
短針（共 6 針）。

第 2 圈（加針）：1 鎖針（不列入總針數
計算），2 短針加針重複 6 次，以滑針連
結第一個短針（共 12 針）。

第 3 圈（加針）：1 鎖針（不列入總針數
計算），（2 短針加針，1 短針）括號內
此組編織法重複 6 次，以滑針連結第一個
短針（共 18 針）。

第 4 圈（加針）：1 鎖針（不列入總針數
計算），（2 短針加針，2 短針）括號內
此組編織法重複 6 次，以滑針連結第一個
短針（共 24 針）。

第 5 圈（加針）：1 鎖針（不列入總針數
計算），（2 短針加針，3 短針）括號內
此組編織法重複 6 次，以滑針連結第一個
短針（共 30 針）。

以下僅大人尺寸需要

下一圈（加針）：1 鎖針（不列入總針數
計算），（2 短針加針，4 短針）括號內
此組編織法重複 6 次，以滑針連結第一個
短針（共 36 針）。

以下大人小孩尺寸皆同

下一圈：1 鎖針（不列入總針數計算），
接下來每一針內鉤 1 短針，以滑針連結第
一個短針。

重複上一圈 4〔6〕次。

拉緊收針，留一段稍微長一點的毛線。

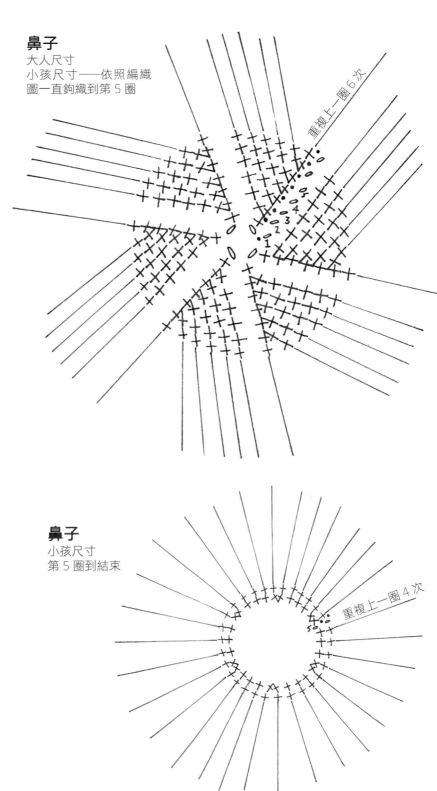

鼻子
大人尺寸
小孩尺寸——依照編織
圖一直鉤織到第 5 圈

重複上一圈 6 次

鼻子
小孩尺寸
第 5 圈到結束

重複上一圈 4 次

鬃毛

使用 6mm 鉤針與 B 色毛線，鉤 3 個鎖針。

段1：在往回數的第二個鎖針內鉤 1 短針，下一針鉤 1 短針，翻面（共 2〔2〕針）。

段2：1 鎖針（不列入總針數計算），接下來每一針內鉤 1 短針，翻面。

換成 A 色毛線，重複 2 次段 2。

換成 B 色毛線，重複 2 次段 2。

依照這樣的方法，在鉤織兩段短針後換色，輪流使用 A 色與 B 色毛線，完成 30〔34〕段，做出條紋效果，拉緊收針。

組合

邊針

從正面的地方，使用 5mm 鉤針與 B 色毛線，在帽子背面第二片耳蓋的地方接上毛線，依照第 23 頁上小花豹帽子邊針的編織方法來鉤織。收針後，利用 A 色毛線把耳蓋內襯上方以滑針固定在帽子主體內側。

耳朵

在耳朵內塞進薄薄一層填充棉花，保持形狀平整，利用收針後預留的餘線，在最後一圈縫合開口處，做出筆直的邊緣，把內耳縫在耳朵中間，對齊底邊，把邊緣兩端拉到中央，做出耳朵的模樣，再把兩隻耳朵縫在帽子主體上，沿著耳朵底部邊緣縫一整圈，可以避免耳朵往下垂。

鼻子

塞進一些棉花填充，保持形狀平整，縫合最後一圈開口處，做出筆直的邊緣，把鼻子縫在帽子前緣，筆直的那一邊擺放在邊針第二段的地方，使用 A 色毛線與前端比較鈍的毛線針，在鼻子兩邊分別繡出 2 道直線繡（做法詳見第 155 頁），做出鼻孔。

鬃毛
小孩尺寸及大人尺寸

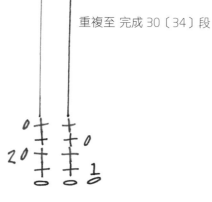

重複至 完成 30〔34〕段

眼睛和鬃毛

把小顆的黑色釦子重疊在大顆的白色釦子上面，一起縫在眼睛的地方。

剪 14〔16〕組 3 條 15 公分的 A 色毛線、16〔18〕組 3 條 15 公分的 B 色毛線，用來製作流蘇鬃毛。將三條一組的毛線對摺，用鉤針穿進寬帶長邊上第一個條紋上的第一個針目裡，勾線穿過去（詳見圖 1），把線圈稍微拉出來一點，放掉鉤針後把線尾穿過線圈拉緊（詳見圖 2）。

重複以上步驟，做出整排鬃毛，在每段的邊緣都綁上同色系的流蘇鬃毛，修剪尾端。把加上鬃毛的寬帶從帽子後面的底邊開始縫合固定，對齊條紋花色往上縫合，一直縫到帽子前面第 2 圈的位置。

最後修飾

如果要製作編織內襯，就在加上內襯後，把兩股辮接在耳蓋上，藏好餘線。以 A 色和 B 色毛線製作兩條兩股辮（做法詳見第 154 頁），長度約為 20〔30〕公分，製作時兩色各使用 3〔4〕股。以 B 色毛線製作兩個流蘇穗子（做法詳見第 155 頁），長度約為 10〔13〕公分，分別接在兩條兩股辮下方，兩股辮的另一端則縫在耳蓋尖端的地方。

製作帽子內襯

做法詳見第 142 到 145 頁，為帽子加上一層舒適的刷毛布料內襯或編織內襯。

呱呱鴨

閃亮亮的黃色帽子絕對能夠引領出春天的氣息，但它禦寒效果可是一級棒！頂得住寒風的侵襲。毛線帽前緣有突出的鴨嘴，帽頂有鉤織的螺旋冠羽，就是這一小撮羽毛，讓這頂帽子有了畫龍點睛的效果。

材料

毛線
Katia Peru，40% 羊毛、40% 壓克力、20%
羊駝毛（每球 100 克 /116 碼 /106 公尺）
黃色（021），A 色 2〔2〕球
橘色（022），B 色 1〔1〕球

鉤針
5.5 mm（UK5: US I/9）

釦子
直徑 2〔2.25〕公分白色 2 個
直徑 1.25〔1.5〕公分黑色 2 個

其他
毛線針
縫衣針
黑色縫衣線
填充棉花少許

尺寸

適合
頭圍 20 英吋（51 公分）以下的兒童
〔頭圍 22 英吋（56 公分）以下的成人〕

織片密度

4 英吋（10 公分）見方 =13 針 14 段 / 短
針編織，5.5 mm 鉤針。
為求正確，請依個人編織手勁換用較大或
較小的鉤針。

做法

這頂帽子從帽簷的羅紋開始製作，以短針分段鉤織，把鉤針只穿進每個針目外側的線圈，接著將較短的兩邊以滑針連接成圈，轉成側邊橫放，就可以製作出羅紋的效果。沿著羅紋帽簷的邊緣平均地鉤出第一圈針目，用減針來塑型帽頂，然後在帽子主體的最後一圈針目加上螺旋冠羽。這些冠羽則是用一串鎖針加上兩兩一組的短針，製作出扭轉的效果。鴨嘴的製作從一排基底鎖針開始，接著以環狀編織，逐步加針成形，最後一圈減針只鉤針目外側的後環線圈，塞進一些填充棉花，縫合開口，製作好的鴨嘴背面是平的，利用最後一圈減針針目內側的線圈，將鴨嘴縫在帽子上固定，做出俐落的收尾，立體感十足的鴨嘴，就完成了。

符號

⌒ 鎖針

· 滑針

十 短針

✕✕ 2 短針加針

✕✕ 短針 2 併針

太 只鉤外側後環線圈的短針

以滑針連結短針外側後環線圈以及鎖針

羅紋

以下大人小孩尺寸皆同

從羅紋帽簷的側邊開始製作，使用 5.5mm 鉤針與 A 色毛線，鉤 6 個鎖針。

段 1：在往回數的第二個鎖針內鉤 1 短針，接下來 4 針每一針都鉤 1 短針，翻面（共 5〔5〕針）。

段 2：1 鎖針（不列入總針數計算），接下來每一針都在針目外側的後環線圈鉤 1 短針，翻面。

以這樣的方式，就能製作出羅紋圖樣，不斷重複段 2，直到長度達到 18〔20〕英吋（46〔51〕公分）為止。

接下來：把比較短的兩邊接在一起，鉤 1 鎖針，以滑針連結第一個短針針目外側的後環線圈，以及另一邊第一個鎖針背面的線圈，合併兩側短邊。持續以滑針連結兩邊的針目，把兩側短邊接成一圈，這種鉤織方法能製作出一道凸筋，擺在帽子中央後方的位置，形成羅紋帽簷的一部分，不需翻面。

羅紋
大人尺寸及小孩尺寸

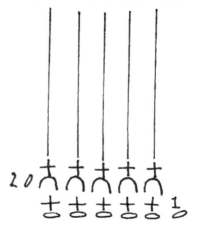

重複段 2 到長度有 18〔20〕英吋（46〔51〕公分）為止

20

1

基底鎖針

連接短邊

最後一圈羅紋

接下來以環狀編織：
依照第 28 頁上青蛙帽子帽頂的編織圖來鉤織。

帽頂

第 1 圈（正面）：1 鎖針（不列入總針數計算），沿著羅紋帽簷的邊緣平均地鉤 60〔66〕短針，以滑針連結第一個短針（共 60〔66〕針）。

第 2 圈：1 鎖針（不列入總針數計算），接下來每一針內鉤 1 短針，以滑針連結第一個短針。

接下來：重複上一圈 11〔14〕次。

塑型帽頂
依照第 29 頁上青蛙帽子塑型帽頂的方法來鉤織，結尾不要收針。

螺旋冠羽

* 鉤 11〔13〕鎖針，在往回數的第二個鎖針內鉤 2 短針，接下來 9〔11〕針每一針都鉤 2 短針，以滑針連結帽頂接線處的同一個短針 *。重複一次兩個星號 * 之間的編織法，以滑針連結下一個短針。

接下來：重複兩個星號 * 之間的編織法，在其餘 5 個短針內各鉤 2 個螺旋冠羽（共 12 個螺旋）。

拉緊收針，留一段稍微長一點的毛線，把餘線穿過帽頂最後一圈的 6 個針目，拉緊收攏帽頂的孔洞。

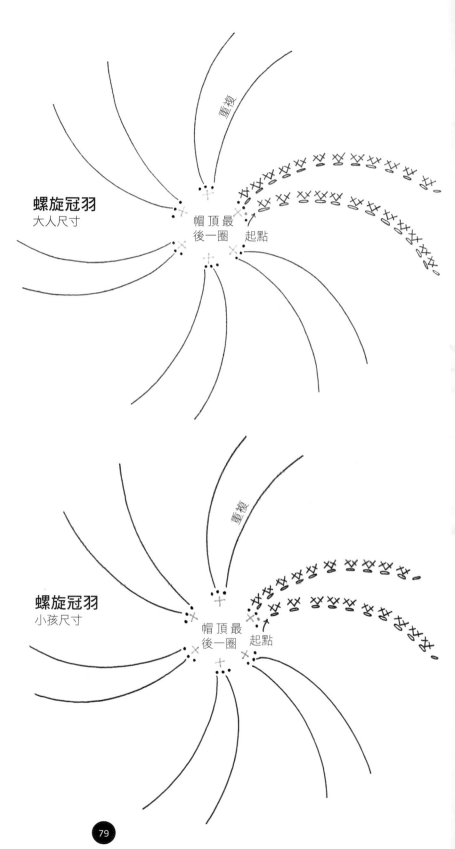

螺旋冠羽
大人尺寸

重複

帽頂最
後一圈　起點

螺旋冠羽
小孩尺寸

重複

帽頂最
後一圈　起點

鴨嘴

以下大人小孩尺寸皆同

使用 5.5mm 鉤針與 B 色毛線，鉤 9〔11〕個鎖針。

第 1 圈（正面）：在往回數的第二個鎖針內鉤 1 短針，接下來 6〔8〕針每一針都鉤 1 短針，最後 1 針鉤 2 短針，在其餘 7〔9〕針的另一邊鉤 1 短針，以滑針連結第一個短針（共 16〔20〕針）。

第 2 圈（加針）：1 鎖針（不列入總針數計算），2 短針加針，接下來 6〔8〕針內各鉤 1 短針，2 短針加針重複 2 次，接下來 6〔8〕針內各鉤 1 短針，2 短針加針，以滑針連結第一個短針（共 20〔24〕針）。

第 3 圈（加針）：1 鎖針（不列入總針數計算），2 短針加針，接下來 8〔10〕針內各鉤 1 短針，2 短針加針重複 2 次，接下來 8〔10〕針內各鉤 1 短針，2 短針加針，以滑針連結第一個短針（共 24〔28〕針）。

第 4 圈：1 鎖針（不列入總針數計算），接下來每一針內鉤 1 短針，以滑針連結第一個短針。

第 5 圈（加針）：1 鎖針（不列入總針數計算），2 短針加針，接下來 10〔12〕針內各鉤 1 短針，2 短針加針重複 2 次，接下來 10〔12〕針內各鉤 1 短針，2 短針加針，以滑針連結第一個短針（共 28〔32〕針）。

第 6 圈：編織方法與第 4 圈相同。

第 7 圈（加針）：1 鎖針（不列入總針數計算），2 短針加針，接下來 12〔14〕針內各鉤 1 短針，2 短針加針重複 2 次，接下來 12〔14〕針內各鉤 1 短針，2 短針加針，以滑針連結第一個短針（共 32〔36〕針）。

第 8 圈：編織方法與第 4 圈相同。

重複上一圈 0〔2〕次。

下一圈（減針）：1 鎖針（不列入總針數計算），接下來每一針都只鉤針目外側的後環線圈，短針 2 併針重複 2 次，8〔10〕短針，短針 2 併針重複 4 次，8〔10〕短針，短針 2 併針重複 2 次（共 24〔28〕針）。

這種鉤織方法能讓鴨嘴背面保持平整，比較容易縫在帽子上。

拉緊收針，留一段稍微長一點的毛線。

組合

鴨嘴

塞進一些棉花，保持形狀平整，縫合最後一圈開口處兩邊各 12〔14〕個針目，利用最後一圈減針針目內側的線圈，把鴨嘴縫在帽簷羅紋的位置。

最後修飾

藏好餘線。把小顆的黑色釦子重疊在大顆的白色釦子上面，一起縫在眼睛的地方。

製作帽子內襯

做法詳見第 142 到 145 頁，為帽子加上一層舒適的刷毛布料內襯或編織內襯。

鴨嘴
大人尺寸

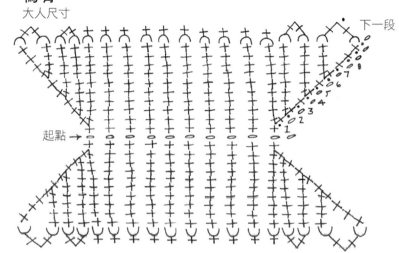

鴨嘴
小孩尺寸

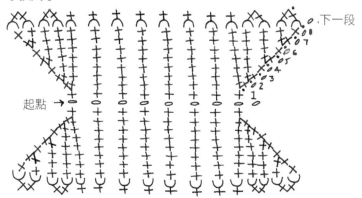

tiger
小老虎

這頂帽子使用了嵌花編織技巧和不同的鉤針針法來製作
老虎的斑紋，讓整頂毛線帽更引人注目。想要簡單一點的話，
也可以參考斑馬帽子主體的做法，只要改成使用橘色和黑色
的毛線就可以了。大虎牽小虎，一起上街「虎假虎威」！

材料

毛線

Wendy Mode Chunky, 50% 羊毛、50% 壓克
力（每球 100 克 /153 碼 /140 公尺）
烈焰橘（255），A 色 1〔1〕球
煤炭黑（220），B 色 1〔1〕球
香草白（202），C 色 1〔1〕球
Wendy Mode DK, 50% 羊毛、50% 壓克力（每
球 50 克 /155 碼 /142 公尺）
煤炭黑（220），D 色 1〔1〕球

鉤針

3mm（UK11:US-）
4.5mm（UK7:US7）
5.5mm（UK5:US I/9）

釦子

直徑 2〔2.25〕公分咖啡色 2 個
直徑 1.25〔1.5〕公分黑色 2 個

其他

毛線針
縫衣針

黑色縫衣線
填充棉花少許
製作流蘇穗子的薄卡紙

尺寸

適合

頭圍 20 英吋（51 公分）以下的兒童
〔頭圍 22 英吋（56 公分）以下的成人〕

織片密度

---

4 英吋（10 公分）見方 =13 針 14 段 / 短
針編織，5.5 mm 鉤針。
為求正確，請依個人編織手勁換用較大或
較小的鉤針。

做法

帽子主體以短針環狀編織，每隔兩段換色鉤織，製作出老虎斑紋的效果，接著分段繼續編織帽子，塑型臉部，在頭部兩側使用白色毛線和黑色毛線，雙色搭配做出斑紋，在前側的臉部使用橘色毛線。波浪狀斑紋以兩段短針、中長針和長針，相互搭配鉤織而成，在比較長的針法上鉤入比較短的針法，使用不同長度的針法就能夠製造出波浪效果。臉頰、耳朵和鼻子以環狀編織而成，逐步加針塑型，再縫上釦子當作眼珠，最後加上條紋兩股辮和大大的流蘇穗子就完成了。

帽子主體

開始鉤織以前，先準備 B 色毛線與 C 色毛線 25g 各 2 球。

以下大人小孩尺寸皆同

從帽頂開始製作，使用 5.5mm 鉤針與 A 色毛線，鉤 4 個鎖針，以滑針連結第一個鎖針，做成一個圈。

第 1 到 8 圈：依照斑馬帽子的編織方法來鉤織（詳見第 70 頁），在第 3 圈換成 B 色毛線，每隔兩段換色鉤織，製作出條紋效果。

第 9 圈（加針）：使用 A 色毛線，1 鎖針（不列入總針數計算），（2 短針加針，7 短針）括號內此組編織法重複 6 次，以滑針連結第一個短針（共 54 針）。

第 10 圈（加針）：1 鎖針（不列入總針數計算），（2 短針加針，8 短針）括號內此組編織法重複 6 次，以滑針連結第一個短針（共 60 針）。

以下僅小孩尺寸需要

下一圈：使用 B 色毛線，1 鎖針（不列入總針數計算），接下來每一針內鉤 1 短針，以滑針連結第一個短針。

下一圈：3 鎖針（不列入總針數計算），（接下來 2 針內各鉤 1 中長針，4 針內各鉤 1 短針，2 針內各鉤 1 中長針，2 針內各鉤 1 中長針，2 針內各鉤 1 長針）括號內此組編織法重複 5 次，接下來 2 針內各鉤 1 中長針，4 針內各鉤 1 短針，2 針內各鉤 1 中長針，1 針內鉤 1 長針，以滑針連結 3 鎖針中的第三個。

拉緊收針 B 色毛線。

帽子主體

依照第 14 頁上小花豹帽子主體的編織圖來鉤織第 1 圈到第 10 圈。

第 10 圈

小孩尺寸
第 10 圈到塑型臉部

第 10 圈

大人尺寸
第 10 圈到塑型臉部

塑型臉部

符號

符號	說明
∕	鎖針
•	滑針
┼	短針
⋈	2 短針加針
⊤	中長針
⊤	長針
⊤̊	成人尺寸 - 長針 小孩尺寸 - 鉤 3 鎖針
☐	A 色毛線
☐	B 色毛線
☐	C 色毛線

塑型臉部

接下來分段平面編織：

段 1： 使用 A 色毛線，1 鎖針（不列入總針數計算），在同一針目中鉤 1 短針，下一針鉤 1 短針，（接下來 2 針內各鉤 1 中長針，2 針內各鉤 1 長針，2 針內各鉤 1 中長針，2 針內各鉤 1 長針，2 針內各鉤 1 中長針，4 針內各鉤 1 短針）括號內此組編織法重複 5 次，接下來 2 針內各鉤 1 中長針，2 針內各鉤 1 長針，2 針內各鉤 1 中長針，2 針內各鉤 1 短針，翻面。

段 2： 編織方法與段 1 相同。拉緊收針 A 色毛線。換成 C 色毛線。

段 3： 使用 C 色毛線，1 鎖針（不列入總針數計算），接下來 23 針每一針都鉤 1 短針。使用 A 色毛線，接下來 14 針每一針都鉤 1 短針。接上另一球 C 色毛線，接下來 23 針每一針都鉤 1 短針，翻面。換成 B 色毛線。

段 4： 使用 B 色毛線，3 鎖針（算做第一個長針），（接下來 2 針內各鉤 1 中長針，4 針內各鉤 1 短針，2 針內各鉤 1 中長針，2 針內各鉤 1 長針）括號內此組編織法重複 2 次，接下來 2 針內各鉤 1 中長針。使用 A 色毛線，4 針內各鉤 1 短針，2 針內各鉤 1 中長針，2 針內各鉤 1 長針，2 針內各鉤 1 中長針，4 針內各鉤 1 短針。接上另一球 B 色毛線，（接下來 2 針內各鉤 1 中長針，2 針內各鉤 1 長針，2 針內各鉤 1 中長針，4 針內各鉤 1 短針）括號內此組編織法重複 2 次，接下來 2 針內各鉤 1 中長針，1 針內鉤 1 長針，翻面。

段 5： 使用 B 色毛線，3 鎖針（算做第一個長針），（接下來 2 針內各鉤 1 中長針，4 針內各鉤 1 短針，2 針內各鉤 1 中長針，2 針內各鉤 1 長針）括號內此組編織法重複 2 次，1 針內鉤 1 中長針。使用 A 色毛線，接下來 1 針內鉤 1 中長針，4 針內各鉤 1 短針，2 針內各鉤 1 中長針，2 針內各鉤 1 長針，2 針內各鉤

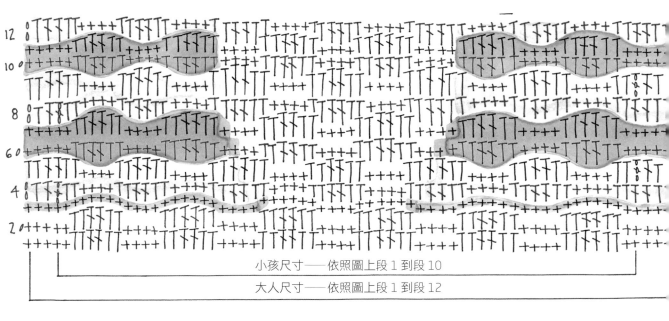

小孩尺寸——依照圖上段 1 到段 10

大人尺寸——依照圖上段 1 到段 12

1中長針，4針內各鉤1短針，1針內鉤1中長針。使用B色毛線，接下來1針內鉤1中長針，（2針內各鉤1長針，2針內各鉤1中長針，4針內各鉤1短針，2針內各鉤1中長針）括號內此組編織法重複2次，在3鎖針中的第三個鉤1長針，翻面。

段6： 使用C色毛線，1鎖針（不列入總針數計算），在同一針目中鉤1短針，（接下來1針內鉤1短針，2針內各鉤1中長針，2針內各鉤1長針，2針內各鉤1中長針，3針內各鉤1短針）括號內此組編織法重複2次。使用A色毛線，接下來1針內鉤1短針，2針內各鉤1中長針，2針內各鉤1長針，2針內各鉤1中長針，4針內各鉤1短針，2針內各鉤1長針，2針內各鉤1中長針，1針內鉤1短針。使用C色毛線，（接下來3針內各鉤1短針，2針內各鉤1中長針，2針內各鉤1長針，2針內各鉤1中長針，1針內鉤1短針）括號內此組編織法重複2次，在3鎖針中的第三個鉤1短針，翻面。

段7： 使用C色毛線，1鎖針（不列入總針數計算），在同一針目中鉤1短針，接下來1針內鉤1短針，2針內各鉤1中長針，2針內各鉤1長針，2針內各鉤1中長針，4針內各鉤1短針，2針內各鉤1中長針，2針內各鉤1長針，2針內各鉤1中長針，1針內鉤1短針。使用A色毛線，（接下來2針內各鉤1短針，2針內各鉤1中長針，2針內各鉤1長針，2針內各鉤1中長針，1針內鉤1短針）括號內此組編織法重複2次。使用C色毛線，（接下來2針內各鉤1短針，2針內各鉤1中長針，2針內各鉤

1長針，2針內各鉤1中長針，2針內各鉤1短針）括號內此組編織法重複2次，翻面。

段8： 使用B色毛線，3鎖針（算做第一個長針），接下來2針內各鉤1中長針，4針內各鉤1短針，2針內各鉤1中長針，2針內各鉤1長針，2針內各鉤1中長針，4針內各鉤1短針，2針內各鉤1中長針。使用A色毛線，（2針內各鉤1長針，2針內各鉤1中長針，4針內各鉤1短針，2針內各鉤1中長針）括號內此組編織法重複2次，2針內各鉤1長針。使用B色毛線，2針內各鉤1中長針，4針內各鉤1短針，2針內各鉤1中長針，2針內各鉤1長針，2針內各鉤1中長針，4針內各鉤1短針，2針內各鉤1中長針，1針內鉤1長針，翻面。

段9： 編織方法與段8相同，結尾在3鎖針中的第三個鉤1長針，翻面。拉緊收針B色毛線。

段10： 使用C色毛線，1鎖針（不列入總針數計算），在同一針目中鉤1短針，接下來1針內鉤1短針，2針內各鉤1中長針，2針內各鉤1長針，2針內各鉤1中長針，4針內各鉤1短針，2針內各鉤1中長針，2針內各鉤1長針，2針內各鉤1中長針。使用A色毛線，（接下來4針內各鉤1短針，2針內各鉤1中長針，2針內各鉤1長針，2針內各鉤1中長針）括號內此組編織法重複2次，4針內各鉤1短針。使用C色毛線，2針內各鉤1中長針，2針內各鉤1長針，2針內各鉤1中長針，4針內各鉤1短針，2針內各鉤1中長針，2針內各鉤1長針，2針內各鉤1中長針，1針內鉤1短針，

在3鎖針中的第三個鉤1短針，翻面。

以下僅大人尺寸需要

下一段（加針）： 使用B色毛線，1鎖針（不列入總針數計算），（2鎖針加針，9短針）括號內此組編織法重複6次，以滑針連結第一個短針（共66針）。

下一段： 2鎖針（算做第一個中長針），接下來1針內鉤1中長針，（2針內各鉤1長針，2針內各鉤1中長針，4針內各鉤1短針，2針內各鉤1中長針）括號內此組編織法重複6次，接下來2針內各鉤1長針，2針內各鉤1中長針，以滑針連結2鎖針中的第二個。拉緊收針B色毛線。

塑型臉部

接下來分段平面編織：

段1： 使用A色毛線，1鎖針（不列入總針數計算），在同一針目中鉤1短針，接下來4針內各鉤1短針，（2針內各鉤1中長針，2針內各鉤1長針，2針內各鉤1中長針，4針內各鉤1短針）括號內此組編織法重複6次，接下來1針內鉤1短針，翻面。

段2： 編織方法與段1相同。拉緊收針A色毛線。換成C色毛線。

段3： 使用C色毛線，1鎖針（不列入總針數計算），接下來26針每一針都鉤1短針。使用A色毛線，接下來14針每一針都鉤1短針。接上另一球C色毛線，接下來26針每一針都鉤1短針，翻面。換成B色毛線。

段4： 使用B色毛線，2鎖針（算做第一個中長針），接下來1針內鉤1中長針，（2針內各鉤1長針，2針內各鉤1中長針，4針內各鉤1短針，2針內各鉤1中長針）括號內此組編織法重複2次，接下來2針

內各鉤1長針，1針內鉤1中長針。使
用A色毛線，接下來1針內鉤1中長針，
4針內各鉤1短針，2針內各鉤1中長針，
2針內各鉤1長針，2針內各鉤1中長針，
4針內各鉤1短針，1針內鉤1中長針。
接上另一球B色毛線，接下來1針內鉤
1中長針，（2針內各鉤1長針，2針內
各鉤1中長針，4針內各鉤1短針，2
針內各鉤1中長針）括號內此組編織法
重複2次，2針內各鉤1長針，2針內
各鉤1中長針，翻面。

段5：使用B色毛線，2鎖針（算做第
一個中長針），接下來1針內鉤1中長
針，（2針內各鉤1長針，2針內各鉤1
中長針，4針內各鉤1短針，2針內各鉤
1中長針）括號內此組編織法重複2次，
接下來2針內各鉤1長針，使用A色毛
線，接下來2針內各鉤1中長針，4針
各鉤1短針，2針內各鉤1中長針，2
針內各鉤1長針，2針內各鉤1中長針，
4針內各鉤1短針，2針內各鉤1中長針。
使用B色毛線，（2針內各鉤1長針，2
針內各鉤1中長針，4針內各鉤1短針，
2針內各鉤1中長針）括號內此組編織
法重複2次，2針內各鉤1長針，2針
內各鉤1中長針，在2鎖針中的第二個
鉤1中長針，翻面。

段6：使用C色毛線，1鎖針（不列入總
針數計算），在同一針目中鉤1短針，
（接下來4針內各鉤1短針，2針內各
鉤1中長針，2針內各鉤1長針，2針
內各鉤1中長針）括號內此組編織法重
複2次，2針內各鉤1短針。使用A色
毛線，接下來2針內各鉤1短針，2針
內各鉤1中長針，2針內各鉤1長針，
2針內各鉤1中長針，4針內各鉤1短針，
2針內各鉤1中長針，2針內各鉤1長針，

2針內各鉤1中長針，2針內各鉤1短針。
使用C色毛線，接下來2針內各鉤1短
針，（2針內各鉤1中長針，2針內各鉤
1長針，2針內各鉤1中長針，4針內鉤
1短針）括號內此組編織法重複2次，在
2鎖針中的第二個鉤1短針，翻面。

段7：使用C色毛線，1鎖針（不列入總
針數計算），在同一針目中鉤1短針，
（接下來4針內各鉤1短針，2針內各
鉤1中長針，2針內各鉤1長針，2針
各鉤1中長針）括號內此組編織法重複
2次，1針內鉤1短針。使用A色毛線，
接下來3針內各鉤1短針，2針內各鉤1
中長針，2針內各鉤1長針，2針內各鉤
1中長針，4針內各鉤1短針，2針內各
鉤1中長針，2針內各鉤1長針，2針
各鉤1中長針，3針內各鉤1短針。使
用C色毛線，接下來1針內鉤1短針，（2
針內各鉤1中長針，2針內各鉤1長針，
2針內各鉤1中長針，4針內鉤1短針）
括號內此組編織法重複2次，在下一個
短針內鉤1短針，翻面。

段8：使用B色毛線，2鎖針（算做第一
個中長針），（接下來1針內鉤1中長
針，2針內各鉤1長針，2針內各鉤1中
長針，4針內各鉤1短針，1針內鉤1中
長針）括號內此組編織法重複2次。使
用A色毛線，（接下來1針內鉤1中長
針，2針內各鉤1長針，2針內各鉤1中
長針，4針內各鉤1短針，1針內鉤1中
長針）括號內此組編織法重複2次，1針
內鉤1中長針，2針內各鉤1長針，1針
內鉤1中長針。使用B色毛線，（接下
來1針內鉤1中長針，4針內各鉤1短針，
2針內各鉤1中長針，2針內各鉤1長針，
1針內鉤1中長針）括號內此組編織法重
複2次，1針內鉤1中長針，翻面。

段9：編織方法與段8相同，結尾在2
鎖針中的第二個鉤1中長針，翻面。

段10：使用C色毛線，1鎖針（不列入
總針數計算），在同一針目中鉤1短針，
（接下來4針內各鉤1短針，2針內各
鉤1中長針，2針內各鉤1長針，2針
各鉤1中長針）括號內此組編織法重複
2次。使用A色毛線，接下來4針內各
鉤1短針，（2針內各鉤1中長針，2針
內各鉤1長針，2針內各鉤1中長針，4
針內鉤1短針）括號內此組編織法重複2
次。使用C色毛線，（2針內各鉤1中長
針，2針內各鉤1長針，2針內各鉤1中
長針，4針內鉤1短針）括號內此組編織
法重複2次，在2鎖針中的第二個鉤1
短針，翻面。

段11：編織方法與段10相同，結尾在
最後一個短針中鉤1短針，翻面。拉緊
收針C色毛線。

段12：編織方法與段8相同。

以下大人小孩尺寸皆同
第一片耳蓋
下一段：從背面中央開始，使用C〔B〕
色毛線，1鎖針（不列入總針數計算），
接下來5〔6〕針每一針都鉤1短針，不
需翻面。

接下來分段平面編織：
以下僅大人尺寸需要
段1（正面）：使用B色毛線，接下來
15針每一針都鉤1短針，翻面。
段2（反面）（減針）：使用C色毛線，
1鎖針（不列入總針數計算），短針2併
針，接下來11針每一針都鉤1短針，短
針2併針，翻面，1鎖針（不列入總針數
計算）。

以下大人小孩尺寸皆同

下一段：使用 C 色毛線，接下來 13 針每一針鉤 1 短針，翻面。

小孩尺寸使用 B 色毛線。

下一段（減針）：* 使用 B 色毛線，1 鎖針（不列入總針數計算），短針 2 併針，接下來 9 針每一針都鉤 1 短針，短針 2 併針，翻面（共 11 針）。

下一段：使用 B 色毛線，1 鎖針（不列入總針數計算），接下來每一針內鉤 1 短針，翻面。

下一段（減針）：使用 C 色毛線，1 鎖針（不列入總針數計算），短針 2 併針，接下來 7 針每一針都鉤 1 短針，短針 2 併針，翻面（共 9 針）。

下一段：使用 C 色毛線，1 鎖針（不列入總針數計算），接下來每一針內鉤 1 短針，翻面。

下一段（減針）：使用 B 色毛線，1 鎖針（不列入總針數計算），短針 2 併針，接下來 5 針每一針都鉤 1 短針，短針 2 併針，翻面（共 7 針）。

下一段：使用 B 色毛線，1 鎖針（不列入總針數計算），接下來每一針內鉤 1 短針，翻面。

下一段（減針）：使用 C 色毛線，1 鎖針（不列入總針數計算），短針 2 併針，接下來 3 針每一針都鉤 1 短針，短針 2 併針，翻面（共 5 針）。

下一段：使用 C 色毛線，1 鎖針（不列入總針數計算），接下來每一針內鉤 1 短針，翻面。

下一段（減針）：使用 C 色毛線，1 鎖針（不列入總針數計算），短針 2 併針，1 短針，短針 2 併針，翻面（共 3 針）*。拉緊收針。

第二片耳蓋

下一段：從正面的地方，在帽子前面接上 A 色毛線，沿著帽子前面，接下來 24 針每一針都鉤 1 短針，不需翻面。

接下來分段平面編織：
以下僅大人尺寸需要

段 1（正面）：使用 B 色毛線，接下來 15 針每一針都鉤 1 短針，翻面。

段 2（反面）（減針）：使用 C 色毛線，1 鎖針（不列入總針數計算），短針 2 併針，接下來 11 針每一針都鉤 1 短針，短針 2 併針，翻面，1 鎖針（不列入總針數計算）。

以下大人小孩尺寸皆同

下一段：使用 C 色毛線，接下來 13 針每一針都鉤 1 短針，翻面。

接下來：參照第一片耳蓋做法兩個星號 * 之間的編織法。拉緊收針。

耳蓋內襯（製作 2 個）

如果打算製作編織內襯，此步驟可省略。
以下大人小孩尺寸皆同

使用 5.5mm 鉤針與 A 色毛線，依照第 18 頁上小花豹耳蓋內襯的編織方法來鉤織。

邊針

使用 4.5mm 鉤針與 A 色毛線，依照第 18 頁上小花豹耳蓋內襯邊針的編織方法來鉤織。

耳朵（製作 2 個）
大人小孩尺寸皆同

使用 5.5mm 鉤針與 A 色毛線，依照第 19 頁上小花豹耳朵的編織方法來鉤織。

鼻子
大人小孩尺寸皆同

使用 3mm 鉤針與 D 色毛線，依照第 20 頁上小花豹鼻子的編織方法來鉤織。

臉頰（製作 2 個）

大人小孩尺寸皆同

使用 5.5mm 鉤針與 C 色毛線，依照第 137 頁上小兔子臉頰的編織方法來鉤織。

組合
邊針

縫合帽子背面接縫，從正面的地方，使用 4.5mm 鉤針與 A 色毛線，在帽子背面第二片耳蓋的地方接上毛線，依照第 23 頁上小花豹帽子邊針的編織方法來鉤織。

耳朵

依照第 23 頁上小花豹耳朵的組合方法來完成。

臉頰

把臉頰縫在臉部，距離底邊大約 1.5cm 的地方，兩片相鄰並排擺放。

鼻子

平放鼻子，縫合頂部邊緣開口處兩邊各 12〔16〕個針目，把鼻子縫在帽子正面中央的地方，讓縫合起來的頂部邊緣對齊臉頰上緣。

最後修飾

如果要製作編織內襯，就在加上內襯後，將兩股辮接在耳蓋上，藏好餘線。將小顆的黑色釦子重疊在大顆的咖啡色釦子上面，一起縫在眼睛的地方。以 A 色和 B 色毛線製作兩條兩股辮（做法詳見第 154 頁），長度約為 20〔30〕公分，製作時兩色各使用 3〔4〕股。以 B 色毛線製作兩個流蘇穗子（做法詳見第 155 頁），長度約為 10〔13〕公分，分別接在兩條兩股辮下方，兩股辮的另一端則縫在耳蓋尖端的地方。

製作帽子內襯

做法詳見第 142 到 145 頁，為帽子加上一層舒適的刷毛布料內襯或編織內襯。

哈士奇

下雪了！想要乘坐雪橇去玩耍可別忘了
保暖，這頂哈士奇帽是百搭保暖小物，灰白
色系配上可愛的耳朵，還有兩股辮和絨球做
裝飾，既好看又保暖！

材料

毛線
King Cole Big Value Chunky, 100% 壓克力
（每球 100 克 /167 碼 /152 公尺）
灰（547），A 色 2〔2〕球
白（822），B 色 1〔1〕球
黑色粗線少許，C 色

鉤針
4.5mm（UK7:US7）
5mm（UK6:US H/8）
6mm（UK4:US J/10）

釦子
直徑 2〔2.25〕公分藍色 2 個
直徑 1.25〔1.5〕公分黑色 2 個

其他
毛線針
縫衣針
黑色縫衣線
填充棉花少許
製作絨球的薄卡紙

尺寸

適合
頭圍 20 英吋（51 公分）以下的兒童
〔頭圍 22 英吋（56 公分）以下的成人〕

織片密度

4 英吋（10 公分）見方 =13 針 14 段 / 短
針編織，6mm 鉤針。
為求正確，請依個人編織手勁換用較大或
較小的鉤針。

做法

帽子主體以環狀編織，逐步加針塑型帽頂。臉部以兩色毛線分段編織而成，在前面幾段，沒有使用到的那一色毛線可以藏在作品背面，再接上另一球主色線完成臉部其他部分。用比較小的鉤針製作嘴部，鼻子則以分段平面編織，在每一段的結尾加針，做成三角形。耳朵是先製作兩塊織片，然後鉤織邊針合併，稍微填充一些棉花，縫幾針固定後再縫到帽子主體上，再縫上釦子當作眼睛，最後加上兩股辮和絨球就完成哈士奇帽子了。

符號

符號	說明
⌀	鎖針
·	滑針
╋	短針
⤬⤬	2 短針加針
⤭⤭	短針 2 併針
⬜	A 色毛線
⬛	B 色毛線

帽子主體

以下大人小孩尺寸皆同

從帽頂開始製作，使用 6mm 鉤針與 A 色毛線，依照第 14 頁上小花豹帽子主體的編織方法來鉤織，一直鉤到第 10〔11〕圈為止。

大人小孩尺寸皆同

下一圈：1 鎖針（不列入總針數計算），接下來每一針內鉤 1 短針，以滑針連結第一個短針。

上面一段再重複 2 次。

塑型臉部

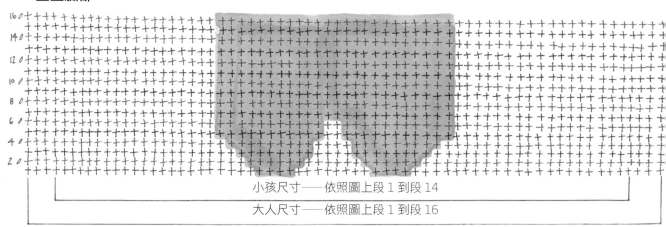

小孩尺寸——依照圖上段 1 到段 14
大人尺寸——依照圖上段 1 到段 16

塑型臉部

鉤織段 1 到段 6 時，把沒有使用到的那一色毛線藏在中間 24 個針目的背面（詳見第 153 頁，換成其他顏色的毛線）。

接下來分段平面編織：

段 1：1 鎖針（不列入總針數計算），接下來 22〔25〕針各鉤 1 短針。使用 B 色毛線，接下來 4 針各鉤 1 短針。使用 A 色毛線，接下來 8 針各鉤 1 短針。使用 B 色毛線，接下來 4 針各鉤 1 短針。使用 A 色毛線，接下來 22〔25〕針各鉤 1 短針，翻面。

段 2：使用 A 色毛線，鉤 1 鎖針（不列入總針數計算），接下來 21〔24〕針各鉤 1 短針。使用 B 色毛線，接下來 6 針各鉤 1 短針。使用 A 色毛線，接下來 6 針各鉤 1 短針。使用 B 色毛線，接下來 6 針各鉤 1 短針。使用 A 色毛線，接下來 21〔24〕針各鉤 1 短針，翻面。

段 3：使用 A 色毛線，鉤 1 鎖針（不列入總針數計算），接下來 20〔23〕針各鉤 1 短針。使用 B 色毛線，接下來 8 針各鉤 1 短針。使用 A 色毛線，接下來 4 針各鉤 1 短針。使用 B 色毛線，接下來 8 針各鉤 1 短針。使用 A 色毛線，接下來 20〔23〕針各鉤 1 短針，翻面。

段 4：使用 A 色毛線，鉤 1 鎖針（不列入總針數計算），接下來 19〔22〕針各鉤 1 短針。使用 B 色毛線，接下來 9 針各鉤 1 短針。使用 A 色毛線，接下來 4 針各鉤 1 短針。使用 B 色毛線，接下來 9 針各鉤 1 短針。使用 A 色毛線，接下來 19〔22〕針各鉤 1 短針，翻面。

段 5 到段 6：使用 A 色毛線，鉤 1 鎖針（不列入總針數計算），接下來 18〔21〕針各鉤 1 短針。使用 B 色毛線，接下來 11針各鉤 1 短針。使用 A 色毛線，接下來 2針各鉤 1 短針。使用 B 色毛線，接下來 11針各鉤 1 短針。使用 A 色毛線，接下來 18〔21〕針各鉤 1 短針，翻面。

段 7：使用 A 色毛線，1 鎖針（不列入總針數計算），接下來 18〔21〕針每一針都鉤 1 短針。使用 B 色毛線，接下來 24 針每一針都鉤 1 短針。接上另一球 A 色毛線，接下來 18〔21〕針每一針都鉤 1 短針，翻面。

段 8 到段 14〔16〕：使用 A 色毛線，1 鎖針（不列入總針數計算），接下來 18〔21〕針每一針都鉤 1 短針。使用 B 色毛線，接下來 24 針每一針都鉤 1 短針。使用 A 色毛線，接下來 18〔21〕針每一針都鉤 1 短針，翻面。

第一片耳蓋

使用 6mm 鉤針與 A 色毛線，依照第 16 頁上小花豹第一片耳蓋的編織方法來鉤織。

第二片耳蓋

下一段：從正面的地方，在帽子前面接上 B 色毛線，沿著帽子前面，接下來 24 針每一針都鉤 1 短針。

接上 A 色毛線，依照第 16 頁上小花豹第二片耳蓋的編織方法來鉤織。

耳蓋內襯（製作 2 個）

如果打算製作編織內襯，此步驟可省略。

大人小孩尺寸皆同

使用 6mm 鉤針與 A 色毛線，依照第 18 頁上小花豹耳蓋內襯的編織方法來鉤織。

邊針

使用 5mm 鉤針與 A 色毛線，依照第 18 頁上小花豹耳蓋內襯邊針的編織方法來鉤織。

耳朵（製作 2 個）

大人小孩尺寸皆同

使用 6mm 鉤針與 B 色毛線，鉤 2 個鎖針。

* **段 1**：在往回數的第二個鎖針內鉤 3 短針，翻面（共 3 針）。

段 2（加針）：1 鎖針（不列入總針數計算），2 短針加針，1 短針，2 短針加針，翻面（共 5 針）。

段 3（加針）：1 鎖針（不列入總針數計算），2 短針加針，接下來 3 針每一針都鉤 1 短針，2 短針加針，翻面（共 7 針）。

段 4（加針）：1 鎖針（不列入總針數計算），2 短針加針，接下來 5 針每一針都鉤 1 短針，2 短針加針，翻面（共 9 針）。

段 5（加針）：1 鎖針（不列入總針數計算），2 短針加針，接下來 7 針每一針都鉤 1 短針，2 短針加針，翻面（共 11 針）。

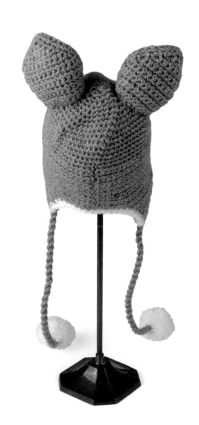

段6（加針）：1鎖針（不列入總針數計算），2短針加針，接下來9針每一針都鉤1短針，2短針加針，翻面（共13針）。

以下僅大人尺寸需要

下一段（加針）：1鎖針（不列入總針數計算），2短針加針，接下來11針每一針都鉤1短針，2短針加針，翻面（共15針）。

下一段（加針）：1鎖針（不列入總針數計算），2短針加針，接下來13針每一針都鉤1短針，2短針加針，翻面（共17針）。

以下大人小孩尺寸皆同

下一段：1鎖針（不列入總針數計算），接下來每一針內鉤1短針，翻面。

上面一段再重複5次。＊

拉緊收針，留一段稍微長一點的毛線。

邊針

使用5mm鉤針與A色毛線，在最後一段的邊緣接上A色毛線。＊＊沿著邊緣的12〔14〕段，每一段的邊緣各鉤1短針，在耳朵尖端的鎖針內鉤3短針，接著在另一邊邊緣的12〔14〕段，每一段的邊緣各鉤1短針。＊＊拉緊收針，做成內耳。

製作外耳時，使用6mm鉤針與A色毛線，鉤2個鎖針，重複兩個星號＊之間的編織法。不要收針。

改用5mm鉤針，重複雙星號＊＊之間的編織法，完成第一段邊針，翻面。

合併耳朵織片

把兩塊耳朵織片擺在一起，內耳朝上，使用5mm鉤針與A色毛線，同時鉤入內耳與外耳上的針目，合併起來，鉤1鎖針，接下來13〔15〕針每一針都鉤1短針，2短針加針，接下來13〔15〕針每一針都鉤1短針，拉緊收針，留一段稍微長一點的毛線。

耳朵

小孩尺寸

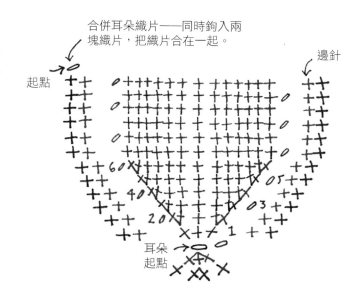

合併耳朵織片——同時鉤入兩塊織片，把織片合在一起。

起點

邊針

耳朵
起點

耳朵

大人尺寸

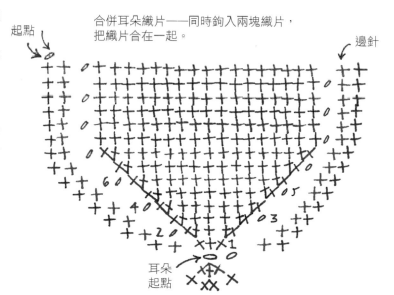

合併耳朵織片——同時鉤入兩塊織片，把織片合在一起。

起點

邊針

耳朵
起點

嘴部

大人小孩尺寸皆同

使用 4.5mm 鉤針與 B 色毛線，鉤 4 個鎖針，以滑針連結第一個鎖針，做成一個圈。依照第 46 頁上小鹿嘴部的編織方法來鉤織。

鼻子

大人小孩尺寸皆同

使用 4.5mm 鉤針與 C 色毛線，鉤 2 個鎖針。

段 1：在往回數的第二個鎖針內鉤 3 短針，翻面（共 3 針）。

段 2：1 鎖針（不列入總針數計算），接下來每一針內鉤 1 短針，翻面。

段 3（加針）：1 鎖針（不列入總針數計算），2 短針加針，1 短針，2 短針加針，翻面（共 5 針）。

以下僅大人尺寸需要

段 4（加針）：1 鎖針（不列入總針數計算），2 短針加針，接下來 3 針每一針都鉤 1 短針，2 短針加針，翻面（共 7 針）。

以下大人小孩尺寸皆同

拉緊收針，留一段稍微長一點的毛線。

組合

邊針

縫合帽子背面接縫，從正面的地方，使用 5mm 鉤針與 B 色毛線，在帽子背面第二片耳蓋的地方接上毛線，依照第 23 頁上小花豹帽子邊針的編織方法來鉤織。

耳朵

在耳朵內塞進薄薄一層填充棉花，利用邊針收針後預留的餘線，將內耳與外耳的底邊合在一起，將兩端拉到中央，做出耳朵的模樣，縫合固定，把兩隻耳朵縫在帽子主體上，沿著耳朵底部邊緣縫一整圈固定。

嘴部與鼻子

利用收針後預留的餘線，把嘴部縫在帽子前緣上固定，留一個小開口，塞一些填充棉花塑型嘴部，再縫合開口。利用鼻子收針後預留的餘線，將鼻子縫在嘴部中央上方處固定，比較寬的一邊朝上。

最後修飾

如果要製作編織內襯，就在加上內襯後，把兩股辮接在耳蓋上，藏好餘線。把小顆的黑色釦子重疊在大顆的藍色釦子上面，一起縫在眼睛的地方。以 A 色毛線製作兩條兩股辮（做法詳見第 154 頁），長度約為 20〔30〕公分，製作時使用 6〔8〕股毛線。以 B 色毛線製作兩顆絨球（做法詳見第 155 頁），直徑大小為 5〔6〕公分，把兩顆絨球分別接在兩條兩股辮下方，兩股辮的另一端則縫在耳蓋尖端的地方。

製作帽子內襯

做法詳見第 142 到 145 頁，為帽子加上一層舒適的刷毛布料內襯或編織內襯。

鼻子

小孩尺寸——依照圖上段 1 到段 3
大人尺寸——依照圖上段 1 到段 4

bear

熊寶寶

令人忍不住想擁抱的溫暖熊寶寶帽子，使
用了咖啡色系的特殊質料絨毛毛線，只要換成
白色系的毛線，就可以做出北極熊帽子喔！

材料

毛線

Lion Brand Jiffy，100% 壓克力（每球 85
克 /135 碼 /123 公尺）
深咖啡（126），A 色 2〔2〕球
Lion Brand Homespun，98% 壓克力、2%
聚酯纖維（每球 170 克 /185 碼 /169 公尺）
荒漠褐（601），B 色 1〔1〕球
黑色粗線少許，C 色

鉤針

4.5mm（UK7:US7）
5.5mm（UK5:US I/9）

釦子

直徑 2〔2.25〕公分咖啡色 2 個
直徑 1.25〔1.5〕公分黑色 2 個

其他

毛線針
縫衣針
黑色縫衣線
填充棉花少許
製作絨球的薄卡紙

尺寸

適合

頭圍 20 英吋（51 公分）以下的兒童
〔頭圍 22 英吋（56 公分）以下的成人〕

織片密度

4 英吋（10 公分）見方 =13 針 14 段 /
短針編織，5.5mm 鉤針。
為求正確，請依個人編織手勁換用較大
或較小的鉤針。

做法

帽子主體以短針環狀編織,耳蓋以短針分段平面編織,耳朵採一體成型鉤織而成,先用絨毛毛線鉤織出球狀,當作耳朵的背面,再換成主色線鉤織內耳,壓平耳朵,稍微填充一些棉花,在底邊縫幾針固定形狀。嘴部以環狀編織成碗狀,縫在臉部,裡面填充一些棉花,最後加上鉤織的扁鼻子、縫上釦子當作眼睛,再搭配耳朵的絨球,最後加上兩股辮就完成了。

帽子主體

大人小孩尺寸皆同

從帽頂開始製作,使用 5.5mm 鉤針與 A 色毛線,依照第 14 頁上小花豹帽子主體的編織方法來鉤織。

耳蓋內襯(製作 2 個)

如果打算製作編織內襯,此步驟可省略。

大人小孩尺寸皆同

使用 5.5mm 鉤針與 A 色毛線,依照第 18 頁上小花豹耳蓋內襯的編織方法來鉤織。

邊針

使用 4.5mm 鉤針與 A 色毛線,依照第 18 頁上小花豹耳蓋內襯邊針的編織方法來鉤織。

耳朵(製作 2 個)

大人小孩尺寸皆同

從耳朵背面中央開始,使用 5.5mm 鉤針與 B 色毛線,鉤 4 個鎖針,以滑針連結第一個鎖針,做成一個圈。

第 1 圈:1 鎖針(不列入總針數計算),沿著圈圍鉤 5 個短針,以滑針連結第一個短針(共 5 針)。

第 2 圈(加針):1 鎖針(不列入總針數計算),2 短針加針重複 5 次,以滑針連結第一個短針(共 10 針)。

第 3 圈(加針):1 鎖針(不列入總針數計算),(2 短針加針,1 短針)括號內此組編織法重複 5 次,以滑針連結第一個短針(共 15 針)。

第 4 圈(加針):1 鎖針(不列入總針數計算),(2 短針加針,2 短針)括號內此組編織法重複 5 次,以滑針連結第一個短針(共 20 針)。

第 5 圈(加針):1 鎖針(不列入總針數計算),(2 短針加針,3 短針)括號內此組編織法重複 5 次,以滑針連結第一個短針(共 25 針)。

第 6 圈(加針):1 鎖針(不列入總針數計算),(2 短針加針,4 短針)括號內此組編織法重複 5 次,以滑針連結第一個短針(共 30 針)。

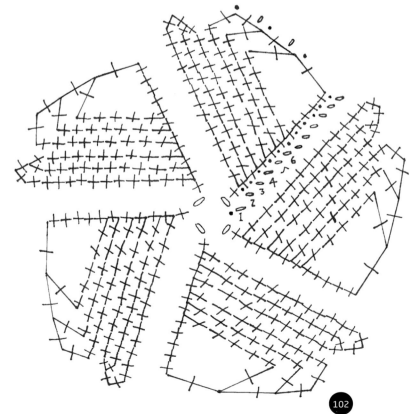

耳朵

大人尺寸

小孩尺寸——依照編織圖一直鉤織到第 6 圈

符號

‿ 鎖針

• 滑針

十 短針

╳╳ 2 短針加針

╳╳ 短針 2 併針

第一片耳蓋

以下僅大人尺寸需要

下一圈（加針）：1 鎖針（不列入總針數計算），（2 短針加針，5 短針）括號內此組編織法重複 5 次，以滑針連結第一個短針（共 35 針）。

以下大人小孩尺寸皆同

下一圈：1 鎖針（不列入總針數計算），接下來每一針內鉤 1 短針，以滑針連結第一個短針。

接下來：重複上一圈 2 次。

換成 A 色毛線繼續鉤織。

內耳

下一圈：1 鎖針（不列入總針數計算），接下來每一針內鉤 1 短針，以滑針連結第一個短針。

以下僅大人尺寸需要

下一圈（減針）：1 鎖針（不列入總針數計算），（短針 2 併針，5 短針）括號內此組編織法重複 5 次，以滑針連結第一個短針（共 30 針）。

以下大人小孩尺寸皆同

下一圈（減針）：1 鎖針（不列入總針數計算），（短針 2 併針，1 短針）括號內此組編織法重複 10 次，以滑針連結第一個短針（共 20 針）。

下一圈（減針）：1 鎖針（不列入總針數計算），短針 2 併針重複 10 次，以滑針連結第一個短針（共 10 針）。

結束在內耳中央正面的地方，拉緊收針，留一段稍微長一點的毛線。

嘴部

大人小孩尺寸皆同

使用 5.5mm 鉤針與 A 色毛線，鉤 4 個鎖針，以滑針連結第一個鎖針，做成一個圈。

第 1 圈：1 鎖針（不列入總針數計算），沿著圈圍鉤 6 個短針，以滑針連結第一個短針（共 6 針）。

第 2 圈（加針）：1 鎖針（不列入總針數計算），2 短針加針重複 6 次，以滑針連結第一個短針（共 12 針）。

第 3 圈（加針）：1 鎖針（不列入總針數計算），（2 短針加針，1 短針）括號內此組編織法重複 6 次，以滑針連結第一個短針（共 18 針）。

第 4 圈（加針）：1 鎖針（不列入總針數計算），（2 短針加針，2 短針）括號內此組編織法重複 6 次，以滑針連結第一個短針（共 24 針）。

以下僅小孩尺寸需要

下一圈：1 鎖針（不列入總針數計算），接下來每一針內鉤 1 短針，以滑針連結第一個短針。

耳朵
小孩尺寸──第 6 圈到結束

嘴部
小孩尺寸

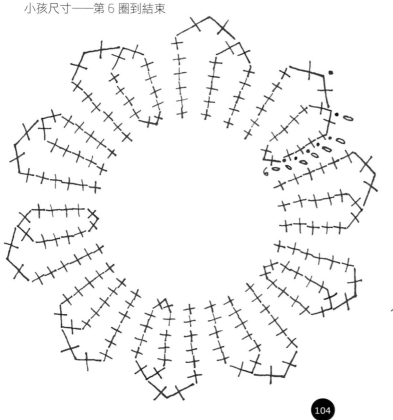

鼻子

以下大人小孩尺寸皆同

使用 4.5mm 鉤針與 C 色毛線，鉤 4 個鎖針，以滑針連結第一個鎖針，做成一個圈。

第 1 圈：1 鎖針（不列入總針數計算），沿著圈圍鉤 6 個短針，以滑針連結第一個短針（共 6 針）。

第 2 圈（加針）：1 鎖針（不列入總針數計算），2 短針加針重複 6 次，以滑針連結第一個短針（共 12 針）。

以下僅大人尺寸需要

下一圈：1 鎖針（不列入總針數計算），（2 短針加針，1 短針）括號內此組編織法重複 6 次，以滑針連結第一個短針（共 18 針）。

以下大人小孩尺寸皆同

下一圈：1 鎖針（不列入總針數計算），接下來每一針內鉤 1 短針，以滑針連結第一個短針。

下一圈：重複上一圈 1 次。

以下僅大人尺寸需要

下一圈（減針）：1 鎖針（不列入總針數計算），（短針 2 併針，1 短針）括號內此組編織法重複 6 次，以滑針連結第一個短針（共 12 針）。

以下大人小孩尺寸皆同

下一圈：1 鎖針（不列入總針數計算），接下來每一針內鉤 1 短針，以滑針連結第一個短針。

拉緊收針，留一段稍微長一點的毛線。

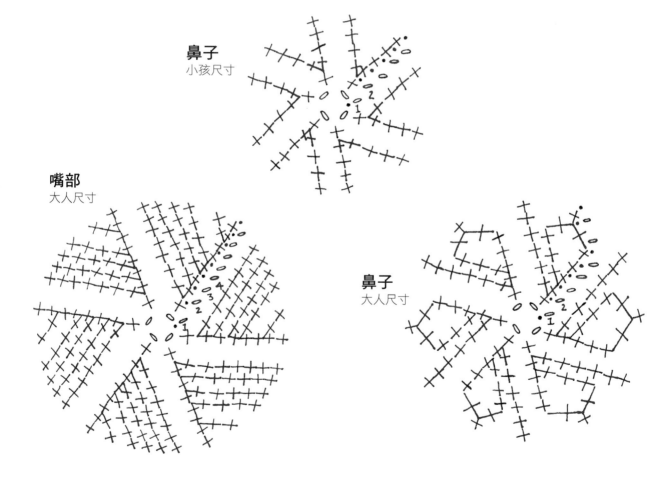

鼻子
小孩尺寸

嘴部
大人尺寸

鼻子
大人尺寸

組合

邊針

從正面的地方，使用 4.5mm 鉤針與 A 色毛線，在帽子背面第二片耳蓋的地方接上毛線，依照第 23 頁上小花豹帽子邊針的編織方法來鉤織。

耳朵

填充一點棉花，使用毛線針和收針時預留的 A 色餘線，穿過最後一圈針目，收緊開口，兩邊各縫幾針固定，對摺耳朵，B 色毛線在外側，在弧形外緣底部大約 2.5〔4〕公分處縫幾針固定，接著把縫線固定處下方突出的一小塊往內摺（詳見圖 1），做出平直的底邊，縫合固定（詳見圖 2），把兩隻耳朵縫在帽子主體上，沿著耳朵底部邊緣縫一整圈固定。

嘴部與鼻子

利用收針後預留的餘線，把嘴部縫在帽子前緣上固定，留一個小開口，塞一些填充棉花塑型嘴部後縫合開口。把鼻子收針後的餘線穿過最後一圈的針目，收緊開口，縫合固定，製作出一個壓平的扁鼻子，把鼻子擺放在嘴部中央上方，縫合固定。

最後修飾

如果要製作編織內襯，就在加上內襯後，把兩股辮接在耳蓋上，把小顆的黑色釦子重疊在大顆的咖啡色釦子上面，一起縫在眼睛的地方。藏好餘線。以 A 色毛線製作兩條兩股辮（做法詳見第 154 頁），長度約為 20〔30〕公分，製作時使用 6〔8〕股毛線。以 B 色毛線製作兩顆絨球（做法詳見第 155 頁），直徑大小為 5〔6〕公分，把兩顆絨球分別接在兩條兩股辮下方，兩股辮的另一端則縫在耳蓋尖端的地方。

製作帽子內襯

做法詳見第 142 到 145 頁，為帽子加上一層舒適的刷毛布料內襯或編織內襯。

組合耳朵

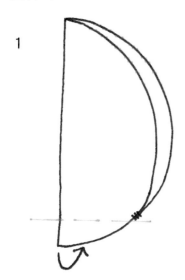

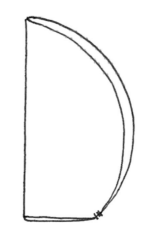

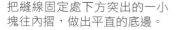
把縫線固定處下方突出的一小塊往內摺，做出平直的底邊。

豬小妹

萬年不敗的經典粉紅小豬帽！雖然只是以單色鉤織為
基礎，但只要把材料其中一球的毛線換成比較深或比較淺
的色調，用不同深淺的毛線來製作邊針、兩股辮和流蘇穗
子，就能變化出不同的款式。現在就動手試看看吧！

材料

毛線
Bergère de France，73% 壓克力、19%
聚醯胺纖維、8% 聚酯纖維（每球 50
克 /76 碼 /70 公尺）
粉紅色（24609），A 色 4〔4〕球

鉤針
4mm（UK8: US G/6）
5mm（UK6:US H/8）

釦子
直徑 2〔2.25〕公分白色 2 個
直徑 1.25〔1.5〕公分黑色 2 個
直徑 1.25 公分黑色 2 個 製作鼻孔

其他
毛線針
縫衣針
黑色縫衣線
填充棉花少許
製作流蘇穗子的薄卡紙

尺寸

適合
頭圍 20 英吋（51 公分）以下的兒童
〔頭圍 22 英吋（56 公分）以下的成人〕

織片密度

4 英吋（10 公分）見方 =13 針 14 段 / 短
針編織，6mm 鉤針。
為求正確，請依個人編織手勁換用較大或
較小的鉤針。

做法

耳朵、鼻部和帽子主體以短針環狀編織，在耳朵裡稍微填充一些棉花，縫在帽子上。在開頭和結尾的兩段只鉤針目外側後環線圈，就能製作出平坦的鼻部邊圈。在鼻部填充棉花，接著縫上黑色小釦子，向內拉緊塑型。縫上釦子當作眼睛，最後加上兩股辮和流蘇穗子就完成了。

帽子主體

大人小孩尺寸皆同

從帽頂開始製作，使用 5.5mm 鉤針與 A 色毛線，依照第 14 頁上小花豹帽子主體的編織方法來鉤織。

耳蓋內襯（製作 2 個）

如果打算製作編織內襯，此步驟可省略。

大人小孩尺寸皆同

使用 5mm 鉤針與 A 色毛線，依照第 18 頁上小花豹耳蓋內襯的編織方法來鉤織。

邊針

使用 4mm 鉤針與 A 色毛線，依照第 18 頁上小花豹耳蓋內襯邊針的編織方法來鉤織。

耳朵（製作 2 個）

大人小孩尺寸皆同

從耳朵頂端開始，使用 5mm 鉤針與 A 色毛線，鉤 4 個鎖針，以滑針連結第一個鎖針，做成一個圈。

第 1 圈：1 鎖針（不列入總針數計算），沿著圈圍鉤 6 個短針，以滑針連結第一個短針（共 6 針）。

第 2 圈（加針）：1 鎖針（不列入總針數計算），2 短針加針重複 6 次，以滑針連結第一個短針（共 12 針）。

第 3 圈：1 鎖針（不列入總針數計算），接下來每一針內鉤 1 短針，以滑針連結第一個短針。

第 4 圈（加針）：1 鎖針（不列入總針數計算），（2 短針加針，1 短針）括號內此組編織法重複 6 次，以滑針連結第一個短針（共 18 針）。

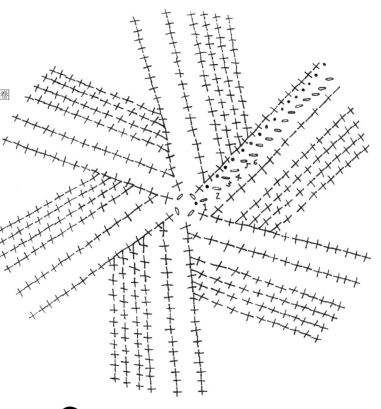

耳朵

大人尺寸
小孩尺寸──依照編織圖一直鉤織到第 6 圈

符號

o	鎖針
•	滑針
＋	短針
⋎⋎	2 短針加針
⋏	短針 2 併針
⋏	只鉤外側後環線圈的短針

鼻部
小孩尺寸

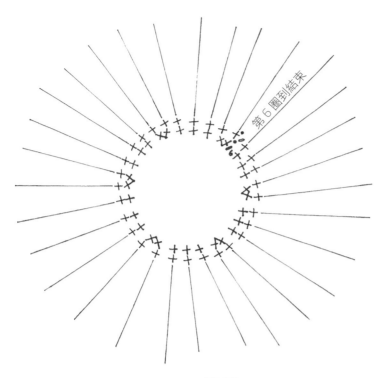

第 6 圈到結束

第 5 圈（加針）：1 鎖針（不列入總針數計算），（2 短針加針，2 短針）括號內此組編織法重複 6 次，以滑針連結第一個短針（共 24 針）。

第 6 圈（加針）：1 鎖針（不列入總針數計算），（2 短針加針，3 短針）括號內此組編織法重複 6 次，以滑針連結第一個短針（共 30 針）。

以下僅大人尺寸需要

下一圈（加針）：1 鎖針（不列入總針數計算），（2 短針加針，4 短針）括號內此組編織法重複 6 次，以滑針連結第一個短針（共 36 針）。

以下大人小孩尺寸皆同

下一圈：1 鎖針（不列入總針數計算），接下來每一針內鉤 1 短針，以滑針連結第一個短針。

重複上一圈 5〔8〕次。

拉緊收針，留一段稍微長一點的毛線。

鼻部
大人小孩尺寸皆同

從鼻部中央開始，使用 5mm 鉤針與 A 色毛線，鉤 4 個鎖針，以滑針連結第一個鎖針，做成一個圈。

第 1 圈：1 鎖針（不列入總針數計算），沿著圈圍鉤 5 個短針，以滑針連結第一個短針（共 5 針）。

第 2 圈（加針）：1 鎖針（不列入總針數計算），2 短針加針重複 5 次，以滑針連結第一個短針（共 10 針）。

第 3 圈（加針）：1 鎖針（不列入總針數計算），（2 短針加針，1 短針）括號內此組編織法重複 5 次，以滑針連結第一個短針（共 15 針）。

第 4 圈（加針）：1 鎖針（不列入總針數計算），（2 短針加針，2 短針）括號內此組編織法重複 5 次，以滑針連結第一個短針（共 20 針）。

第 5 圈（加針）：1 鎖針（不列入總針數計算），（2 短針加針，3 短針）括號內此組編織法重複 5 次，以滑針連結第一個短針（共 25 針）。

以下僅大人尺寸需要

下一圈（加針）：1 鎖針（不列入總針數計算），（2 短針加針，4 短針）括號內此組編織法重複 5 次，以滑針連結第一個短針（共 30 針）。

以下大人小孩尺寸皆同

下一圈：1 鎖針（不列入總針數計算），接下來每一針都在針目外側的後環線圈鉤 1 短針，以滑針連結第一個短針。

這種鉤織方法可以讓鼻部前端保持平整。

下一圈：1 鎖針（不列入總針數計算），接下來每一針內鉤 1 短針，以滑針連結第一個短針。

重複上一圈 1〔2〕次。

下一圈：1 鎖針（不列入總針數計算），接下來每一針都在針目外側的後環線圈鉤 1 短針，以滑針連結第一個短針。

以下僅大人尺寸需要

下一圈（減針）：1 鎖針（不列入總針數計算），（短針 2 併針，4 短針）括號內此組編織法重複 5 次，以滑針連結第一個短針（共 25 針）。

以下大人小孩尺寸皆同

下一圈（減針）：1 鎖針（不列入總針數計算），（短針 2 併針，3 短針）括號內此組編織法重複 5 次，以滑針連結第一個短針（共 20 針）。

下一圈（減針）：1 鎖針（不列入總針數計算），（短針 2 併針，2 短針）括號內此組編織法重複 5 次，以滑針連結第一個短針（共 15 針）。

拉緊收針，留一段稍微長一點的毛線。

鼻部

大人尺寸
小孩尺寸——依照編織
圖一直鉤織到第 5 圈

鼻部

小孩尺寸
到第 5 圈結束

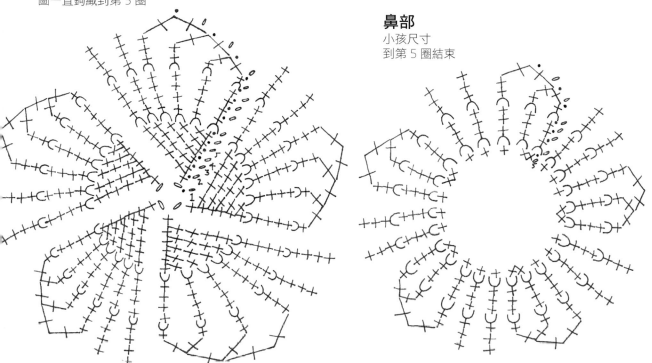

組合

邊針

從正面的地方,使用 4mm 鉤針與 A 色毛線,在帽子背面第二片耳蓋的地方接上毛線,依照第 23 頁上小花豹帽子邊針的編織方法來鉤織。

耳朵

塞進一些棉花,保持形狀平整,利用收針後預留的餘線,縫合最後一圈開口處兩邊各 15〔18〕個針目,做出筆直的邊緣,將兩端拉到中央,做出耳朵的模樣,縫合固定,把兩隻耳朵縫在帽子主體上,沿著耳朵底部邊緣縫一整圈固定,可以避免耳朵往下垂。

鼻部

塞進一些棉花,保持前端形狀平整,利用收針後預留的餘線穿過最後一圈針目,收緊開口後拉緊收針,縫上黑色小釦子,向內拉緊塑型,做出鼻孔的樣子,把鼻部縫在帽子主體正面中央處,擺在邊針上方。

最後修飾

如果要製作編織內襯,就在加上內襯後,將兩股辮接在耳蓋上,藏好餘線。以 A 色毛線製作兩條兩股辮(做法詳見第 154 頁),長度約為 20〔30〕公分,製作時使用 6〔8〕股毛線。以 A 色毛線製作兩個流蘇穗子(做法詳見第 155 頁),長度約為 10〔13〕公分,分別接在兩條兩股辮下方,兩股辮的另一端則縫在耳蓋尖端的地方。把小顆的黑色釦子重疊在大顆的白色釦子上面,一起縫在眼睛的地方。

製作帽子內襯

做法詳見第 142 到 145 頁,為帽子加上一層舒適的刷毛布料內襯或編織內襯。

長頸鹿

長頸鹿獨特的斑紋是鉤織的多角
形織片,有大有小,兩股辮尾端的流蘇
穗子就像是長頸鹿的尾巴一樣。

材料

毛線

Bergère de France Magic +，50% 精紡羊毛、50% 壓克力（每球 50 克 /87 碼 /80 公尺）
奶茶色（23308），A 色 2〔3〕球

Bergère de France Tolson，77% 壓克力、20% 精紡羊毛、3% 聚醯胺纖維（每球 50 克 /76 碼 /70 公尺）
豆蔻棕（24539），B 色 1〔1〕球

Bergère de France Sport，51% 精紡羊毛、49% 壓克力（每球 50 克 /98 碼 /90 公尺）
深茶色（22342），C 色 1〔1〕球

鉤針

3mm（UK11:US-）
4.5mm（UK7:US7）
5mm（UK6:US H/8）
6mm（UK4:USJ/10）

釦子

直徑 2〔2.25〕公分咖啡色 2 個
直徑 1.25〔1.5〕公分黑色 2 個

其他

毛線針
縫衣針
黑色縫衣線
填充棉花少許
製作絨球的薄卡紙

尺寸

適合

頭圍 20 英吋（51 公分）以下的兒童
〔頭圍 22 英吋（56 公分）以下的成人〕

織片密度

4 英吋（10 公分）平方 =13 針 14 段 / 短針編織，6mm 鉤針。
為求正確，請依個人編織手勁換用較大或較小的鉤針。

做法

這頂帽子大部分以短針鉤織而成，鼻子用比較小的鉤針編織，製作出厚實的織片。鼻子和一對軟骨角裡塞滿填充棉花，耳朵裡也塞進薄薄一層填充棉花，同時摺起一端塑型，縫在帽子上。斑紋是多角形織片，以長針和鎖針鉤織而成，分散縫在帽子主體上，做出長頸鹿斑紋的效果。

帽子主體

大人小孩尺寸皆同

從帽頂開始製作，使用 6mm 鉤針與 A 色毛線，依照第 14 頁上小花豹帽子主體的編織方法來鉤織。

耳朵

大人尺寸
小孩尺寸──依照編織
圖一直鉤織到第 8 圈

耳蓋內襯（製作 2 個）

如果打算製作編織內襯，此步驟可省略。

大人小孩尺寸皆同

使用 6mm 鉤針與 A 色毛線，依照第 18 頁上小花豹耳蓋內襯的編織方法來鉤織。

邊針

使用 5mm 鉤針與 A 色毛線，依照第 18 頁上小花豹耳蓋內襯邊針的編織方法來鉤織。

耳朵（製作 2 個）

大人小孩尺寸皆同

從耳朵頂端開始，使用 6mm 鉤針與 A 色毛線，鉤 4 個鎖針，以滑針連結第一個鎖針，做成一個圈。

第 1 圈：1 鎖針（不列入總針數計算），沿著圈圍鉤 6 個短針，以滑針連結第一個短針（共 6 針）。

第 2 圈：1 鎖針（不列入總針數計算），接下來每一針內鉤 1 短針，以滑針連結第一個短針。

第 3 圈（加針）：1 鎖針（不列入總針數計算），2 短針加針重複 6 次，以滑針連結第一個短針（共 12 針）。

第 4 圈：編織方法與第 2 圈相同。

第 5 圈（加針）：1 鎖針（不列入總針數計算），（2 短針加針，1 短針）括號內此組編織法重複 6 次，以滑針連結第一個短針（共 18 針）。

第 6 圈：編織方法與第 2 圈相同。

第 7 圈（加針）：1 鎖針（不列入總針數計算），（2 短針加針，2 短針）括號內此組編織法重複 6 次，以滑針連結第一個短針（共 24 針）。

第 8 圈：編織方法與第 2 圈相同。

符號

⌀	鎖針
•	滑針
✝	短針
✕	2 短針加針
✕	短針 2 併針
⊤	中長針
⊤	長針

軟骨角（製作 2 個）

從軟骨角頂端開始，使用 6mm 鉤針與 B 色毛線，鉤 4 個鎖針，以滑針連結第一個鎖針，做成一個圈。

第 1 圈：1 鎖針（不列入總針數計算），沿著圈圍鉤 5〔6〕個短針，以滑針連結第一個短針（共 5〔6〕針）。

第 2 圈（加針）：1 鎖針（不列入總針數計算），2 短針加針重複 5〔6〕次，以滑針連結第一個短針（共 10〔12〕針）。

第 3 圈：1 鎖針（不列入總針數計算），接下來每一針內鉤 1 短針，以滑針連結第一個短針。重複上一圈 1〔2〕次。

換成 A 色毛線，改用 4.5mm 鉤針。

下一圈：編織方法與第 3 圈相同。

重複上一圈 5〔10〕次。

拉緊收針，留一段稍微長一點的 A 色毛線。

耳朵
小孩尺寸──第 8 圈到結束

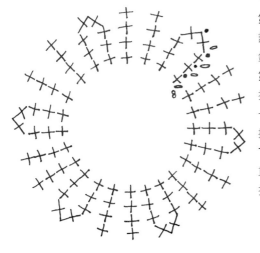

以下僅大人尺寸需要

下一圈（加針）：1 鎖針（不列入總針數計算），（2 短針加針，3 短針）括號內此組編織法重複 6 次，以滑針連結第一個短針（共 30 針）。

以下大人小孩尺寸皆同

下一圈：編織方法與第 2 圈相同。

重複上一圈 1〔4〕次。

下一圈（減針）：1 鎖針（不列入總針數計算），（短針 2 併針，2〔3〕短針）括號內此組編織法重複 6 次，以滑針連結第一個短針（共 18〔24〕針）。

拉緊收針，留一段稍微長一點的毛線。

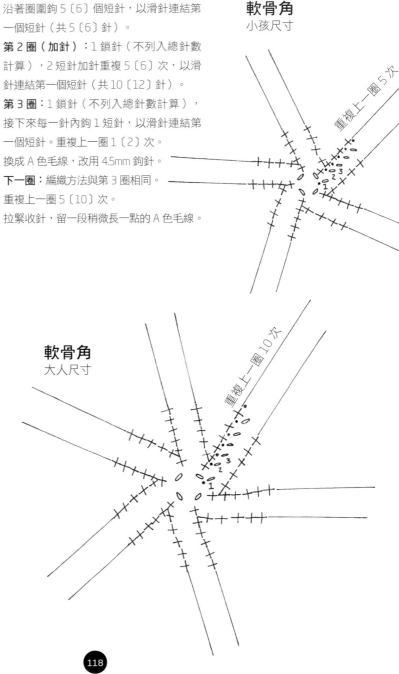

軟骨角
小孩尺寸

重複上一圈 5 次

軟骨角
大人尺寸

重複上一圈 10 次

鼻子

使用4.5mm鉤針與A色毛線，鉤4個鎖針，以滑針連結第一個鎖針，做成一個圈。

第1圈：1鎖針（不列入總針數計算），沿著圈圍鉤6個短針，以滑針連結第一個短針（共6針）。

第2圈（加針）：1鎖針（不列入總針數計算），2短針加針重複6次，以滑針連結第一個短針（共12針）。

第3圈（加針）：1鎖針（不列入總針數計算），（2短針加針，1短針）括號內此組編織法重複6次，以滑針連結第一個短針（共18針）。

第4圈（加針）：1鎖針（不列入總針數計算），（2短針加針，2短針）括號內此組編織法重複6次，以滑針連結第一個短針（共24針）。

以下僅大人尺寸需要

下一圈（加針）：1鎖針（不列入總針數計算），（2短針加針，3短針）括號內此組編織法重複6次，以滑針連結第一個短針（共30針）。

以下大人小孩尺寸皆同

下一圈：1鎖針（不列入總針數計算），接下來每一針內鉤1短針，以滑針連結第一個短針。

重複上一圈5〔7〕次。

拉緊收針，留一段稍微長一點的毛線。

鼻子
大人尺寸
小孩尺寸──依照編織圖一直鉤織到第4圈

重複上一圈7次

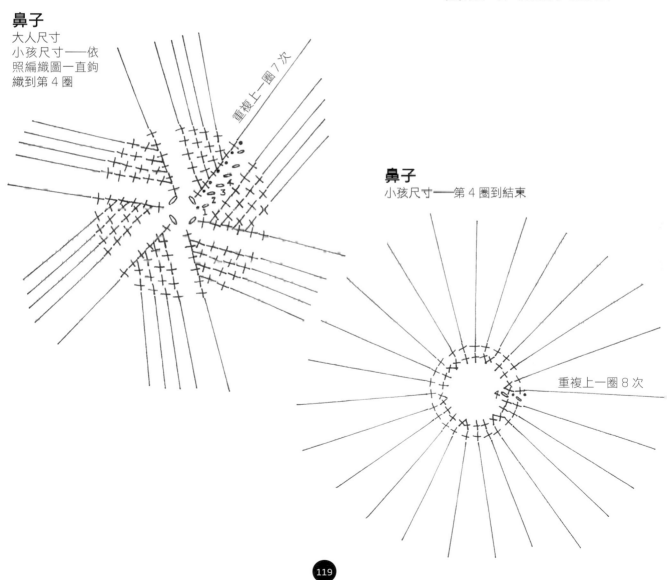

鼻子
小孩尺寸──第4圈到結束

重複上一圈8次

斑紋

迷你（製作 5〔5〕個）

從斑紋色塊中央開始，使用 3mm 鉤針與 C 色毛線，鉤 4 個鎖針，以滑針連結第一個鎖針，做成一個圈。

下一圈：3 鎖針（算做 1 長針），沿著圈圍鉤 2 長針，2 鎖針，（3 長針，2 鎖針）括號內此組編織法重複 4 次，以滑針連結 3 鎖針中的第三個。拉緊收針，留一段稍微長一點的毛線。

小（製作 7〔7〕個）

從斑紋色塊中央開始，使用 3mm 鉤針與 C 色毛線，鉤 4 個鎖針，以滑針連結第一個鎖針，做成一個圈。

第 1 圈：3 鎖針（算做 1 長針），沿著圈圍鉤 2 長針，2 鎖針，（3 長針，2 鎖針）括號內此組編織法重複 4 次。
第 2 圈：在 3 鎖針中的第三個鉤 1 短針連結成圈，接下來 2 長針中各鉤 1 短針，2 鎖針的位置裡鉤（2 短針，2 鎖針，2 短針），＊接下來 3 長針中各鉤 1 短針，2 鎖針的位置裡鉤（2 短針，2 鎖針，2 短針）。重複 3 次星號＊之後的編織法，以滑針連結第一個短針。
拉緊收針，留一段稍微長一點的毛線。

中（製作 7〔3〕個）

從斑紋色塊中央開始，使用 3mm 鉤針與 C 色毛線，鉤 4 個鎖針，以滑針連結第一個鎖針，做成一個圈。

第 1 圈：3 鎖針（算做 1 長針），沿著圈圍鉤 2 長針，2 鎖針，（3 長針，2 鎖針）括號內此組編織法重複 4 次，以滑針連結 3 鎖針中的第三個。
第 2 圈：2 鎖針（算做第一個中長針），接下來 2 長針中各鉤 1 中長針，2 鎖針的位置裡鉤（2 中長針，2 鎖針，2 中長針），＊接下來 3 長針中各鉤 1 中長針，2 鎖針的位置裡鉤（2 中長針，2 鎖針，2 中長針）。重複 3 次星號＊之後的編織法，以滑針連結 2 鎖針中的第二個。
拉緊收針，留一段稍微長一點的毛線。

大（製作 0〔4〕個）

從斑紋色塊中央開始，使用 3mm 鉤針與 C 色毛線，鉤 4 個鎖針，以滑針連結第一個鎖針，做成一個圈。

第 1 圈：編織方法與中斑紋第 1 圈相同。
第 2 圈：3 鎖針（算做 1 長針），接下來 3 長針中各鉤 1 長針，2 鎖針的位置裡鉤（2 長針，2 鎖針，2 長針），＊接下來 3 長針中各鉤 1 長針，2 鎖針的位置裡鉤（2 長針，2 鎖針，2 長針）。重複 3 次星號＊之後的編織法，以滑針連結 3 鎖針中的第三個。
拉緊收針，留一段稍微長一點的毛線。

小

中

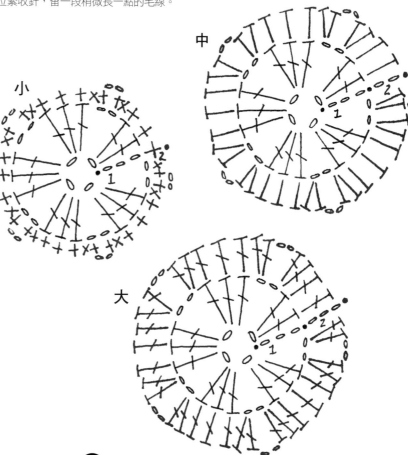

迷你

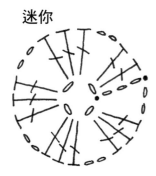

大

組合

邊針

從正面的地方，使用 5mm 鉤針與 A 色毛線，在帽子背面第二片耳蓋的地方接上毛線，依照第 23 頁上小花豹帽子邊針的編織方法來鉤織。

鼻子

塞進一些棉花填充，保持形狀平整，縫合最後一圈開口處兩邊各 12〔15〕個針目，做出筆直的邊緣，把鼻子縫在帽子前緣，筆直的那一邊擺放在邊針第二段的地方，使用 C 色毛線與前端比較鈍的毛線針，在鼻子兩邊分別繡出 2 道直線繡（做法詳見第 155 頁），做出鼻孔。

軟骨角和耳朵

在軟骨角內塞滿填充棉花，縫在帽子頂部，沿著底部邊緣縫一整圈。耳朵內塞進薄薄一層填充棉花，保持形狀平整，利用耳朵收針後預留的餘線，縫合最後一圈開口處兩邊各 9〔12〕個針目，做出筆直的邊緣，將邊緣一端往內摺約 3.5 公分的長度，縫合固定在直直的底邊上，重複上述步驟，把另外一隻耳朵從另一端摺妥縫好，讓兩隻耳朵對稱，縫在帽子上。

最後修飾

如果要製作編織內襯，就在加上內襯後，將兩股辮接在耳蓋上，再將小顆的黑色釦子重疊在大顆的咖啡色釦子上面，一起縫在眼睛的地方。把斑紋擺放在帽子主體的前後各處，利用收針後預留的餘線縫上固定，藏好餘線。以 A 色毛線製作兩條兩股辮（做法詳見第 154 頁），長度約為 20〔30〕公分，製作時使用 6〔8〕股毛線。以 B 色毛線製作兩個流蘇穗子（做法詳見第 155 頁），長度約為 10〔13〕公分，分別接在兩條兩股辮下方，兩股辮的另一端則縫在耳蓋尖端的地方。

製作帽子內襯

做法詳見第 142 到 145 頁，為帽子加上一層舒適的刷毛布料內襯或編織內襯。

owl

貓頭鷹

一對大眼睛是這頂貓頭鷹帽子最吸睛的特
徵，同時使用花呢毛線呼應大自然色澤，增添了細
節與趣味，另外加上色彩和羽毛質感，讓這頂帽子
有了活靈活現的視覺效果。

材料

毛線
Sirdar Click Chunky，70% 壓 克 力、
30% 羊毛（每球 50 克 /81 碼 /75 公尺）
石南褐（196），A 色 3〔3〕球
花呢棕（193），B 色 2〔2〕球
羔羊白（142），C 色 1〔1〕球

鉤針
5mm（UK6:US H/8）
6mm（UK4:US J/10）

釦子
直徑 2.5 公分橘色或黃色 2 個
直徑 1.5 公分黑色 2 個

其他
毛線針
縫衣針
黑色縫衣線
填充棉花少許
製作流蘇穗子的薄卡紙

尺寸

適合
頭圍 20 英吋（51 公分）以下的兒童
〔頭圍 22 英吋（56 公分）以下的成人〕

織片密度

4 英吋（10 公分）平方 =13 針 14 段 /
短針編織，6mm 鉤針。
為求正確，請依個人編織手勁換用較大
或較小的鉤針。

做法

帽子主體以環狀編織，耳蓋和耳蓋內襯以短針分段平面編織，翅膀、眼睛和鳥喙使用比較小的鉤針來編織。以鱷魚片針（crocodile stitch）鉤織翅膀，製作出羽毛般的效果，再以短針環狀編織製作眼睛，同時搭配中長針和長針加以變化，眼睛周圍塑型是先鉤織針目的內側前環線圈，完成後再把第三段以鉤織外側後環線圈的方式，接合前段針目，做出凸框。以短針環狀編織製作鳥喙，對摺後填充棉花。帽子頂部則加上流蘇穗子，兩股辮的下方亦同。

帽子主體

大人小孩尺寸皆同

從帽頂開始製作，使用 6mm 鉤針與 A 色毛線，依照第 14 頁上小花豹帽子主體的編織方法來鉤織。

耳蓋內襯（製作 2 個）

如果打算製作編織內襯，此步驟可省略。

大人小孩尺寸皆同

使用 6mm 鉤針與 A 色毛線，依照第 18 頁上小花豹耳蓋內襯的編織方法來鉤織。

邊針

使用 5mm 鉤針與 A 色毛線，依照第 18 頁上小花豹耳蓋內襯邊針的編織方法來鉤織。

翅膀（製作 2 個）

從翅膀的尖端開始製作，使用 5mm 鉤針與 B 色毛線，鉤 9 個鎖針起針。

段 1：從鉤針往回數的第三個鎖針入針，鉤 1 長針（3 鎖針與 1 長針算做 2 針），（2 鎖針、略過 2 鎖針、下一個鎖針內鉤 2 長針）括號內此組編織法重複 2 次，總共完成三組 2 長針。

段 2：1 鎖針（不列入總針數計算），略過第一組 2 長針，繞著下一組 2 長針中第一個長針（由上往下）鉤 5 個長針，不要像平常那樣穿進針目中（詳見圖示），1 鎖針，再繞著同組 2 長針中的第二個長針（由下往上）鉤 5 個長針，略過下一組 2 長針，在最後一組 2 長針中間以滑針接合（共 1 片羽毛）。

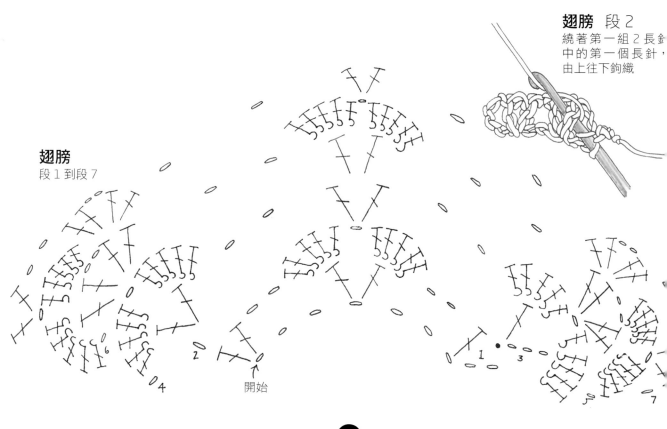

翅膀 段 2
繞著第一組 2 長針中的第一個長針，由上往下鉤織

翅膀
段 1 到段 7

開始

段3：3鎖針（算做第一個長針），在前段略過的一組2長針中間鉤1長針，2鎖針，在前片羽毛中間鉤2長針，2鎖針，在前段略過的一組2長針中間鉤2長針（共三組2長針）。

段4：1鎖針（不列入總針數計算），繞著下一組2長針中第一個長針鉤5個長針，1鎖針，再繞著同組2長針中的第二個長針鉤5個長針；繞著下一組2長針中第一個長針鉤5個長針，1鎖針，再繞著同組2長針中的第二個長針鉤5個長針（共2片羽毛）。

段5：1鎖針（不列入總針數計算），在第一片羽毛中間鉤（2長針、2鎖針、2長針），2鎖針，在前段略過的一組2長針中間鉤2長針，2鎖針，在下一片羽毛中間鉤（2長針、2鎖針、2長針）（共五組2長針）。

段6：1鎖針（不列入總針數計算），繞著下一組2長針中第一個長針鉤5個長針，1鎖針，再繞著同組2長針中的第二個長針鉤5個長針，（略過下一組2長針，繞著下一組2長針中第一個長針鉤5個長針，1鎖針，再繞著同組2長針中的第二個長針鉤5個長針）括號內此組編織法重複2次（共3片羽毛）。

段7：1鎖針（不列入總針數計算），在第一片羽毛中間鉤2長針，*2鎖針，在前段略過的一組2長針中間鉤（2長針、2鎖針、2長針），在下一片羽毛中間鉤2長針，從星號 * 開始重複一次（共七組2長針）。

段8：1鎖針（不列入總針數計算），繞著下一組2長針中第一個長針鉤5個長針，1鎖針，再繞著同組2長針中的第二個長針鉤5個長針，（略過下一組2

長針，繞著下一組2長針中第一個長針鉤5個長針，1鎖針，再繞著同組2長針中的第二個長針鉤5個長針）括號內此組編織法重複3次（共4片羽毛）。

段9：1鎖針（不列入總針數計算），在第一片羽毛中間鉤2長針，（2鎖針，在前段略過的一組2長針中間鉤2長針，2鎖針，在下一片羽毛中間鉤2長針）括號內此組編織法重複3次（共七組2長針）。

段10：編織方法與段8相同。
段11：編織方法與段9相同。
段12：編織方法與段8相同。
段13：編織方法與段9相同。
以下僅大人尺寸需要
下一段：編織方法與段8相同。
下一段：編織方法與段9相同。

翅膀
段 7 至 段 13〔15〕
以及塑型翅膀頂部

下一段

塑型頂部

下一段

9, 11, 1

7

8, 10, 12,〔14〕

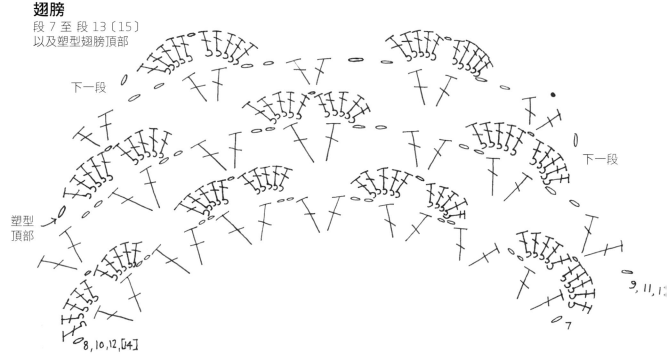

塑型翅膀頂部

大人小孩尺寸皆同

下一段：1 鎖針（不列入總針數計算），略過下一組 2 長針，（繞著下一組 2 長針中第一個長針鉤 5 個長針，1 鎖針，再繞著同組 2 長針中的第二個長針鉤 5 個長針，略過下一組 2 長針）括號內此組編織法重複 2 次，繞著下一組 2 長針中第一個長針鉤 5 個長針，1 鎖針，再繞著同組 2 長針中的第二個長針鉤 5 個長針，在最後一組 2 長針中間以滑針接合（共 3 片羽毛）。

下一段：1 鎖針（不列入總針數計算），在第一片羽毛中間鉤 2 長針，（2 鎖針，在前段略過的一組 2 長針中間鉤 2 長針，2 鎖針，在下一片羽毛中間鉤 2 長針）括號內此組編織法重複 2 次（共五組 2 長針）。

下一段：1 鎖針（不列入總針數計算），（略過第一組 2 長針，繞著下一組 2 長針中第一個長針鉤 5 個長針，1 鎖針，再繞著同組 2 長針中的第二個長針鉤 5 個長針）括號內此組編織法重複 2 次，在最後一組 2 長針中間以滑針接合（共 2 片羽毛）。

拉緊收針，留一段稍微長一點的毛線。

眼睛（製作 2 個）

使用 6mm 鉤針和 C 色毛線，鉤 4 個鎖針，以滑針連結第一個鎖針，做成一個圈，

第 1 圈（正面）：1 鎖針（不列入總針數計算），沿著圈圍鉤 6〔7〕個短針，以滑針連結第一個短針（共 6〔7〕針）。

第 2 圈（加針）：3 鎖針（算做第一個長針），在同一針目中鉤 1 長針，2 長針加針重複 5〔6〕次，以滑針連結 3 鎖針中的第三個（共 12〔14〕針）。

第 3 圈（加針）：3 鎖針（算做第一個長針），在同一針目中鉤 1 長針，2 長針加針重複 11〔13〕次，以滑針連結 3 鎖針中的第三個（共 24〔28〕針）。

第 4 圈（加針）：2 鎖針（算做第一個中長針），在同一針目中鉤 1 中長針，（1 中長針，2 中長針加針）括號內此組編織法重複 11〔13〕次，1 中長針，以滑針連結 2 鎖針中的第二個（共 36〔42〕針）。

塑型眼睛

換成 A 色毛線。

第 5 圈：1 鎖針（不列入總針數計算），接下來 10〔12〕中長針內各鉤 1 短針，2 中長針在內側前環線圈各鉤 1 中長針，接下來 22〔26〕中長針在內側前環線圈各鉤 1 長針，2 中長針在內側前環線圈各鉤 1 中長針，以滑針連結第一個短針，翻面。

眼睛
大人尺寸
第 1 圈到第 5 圈和下一段

符號

符號	說明
⌀	鎖針
•	滑針
＋	短針
⤬	2 短針加針
⊤	短針 2 併針
Ŧ	長針
⊽	2 中長針加針
⊽⊽	2 長針加針
⌇	繞著整排的針目鉤長針
∪	只鉤內側前環線圈
∩	只鉤外側後環線圈

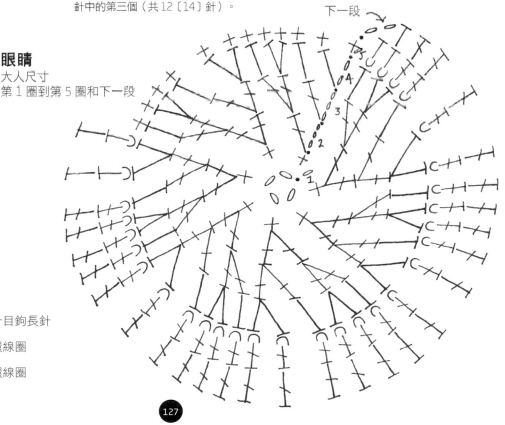

眼睛
小孩尺寸
第 1 圈到第 5 圈和下一段

下一段

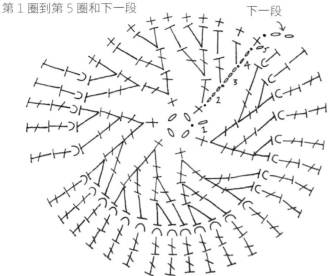

接下來分段平面編織：

下一段（反面）：2 鎖針（算做第一個中長針），接下來每一針都鉤雙線圈，1 中長針內鉤 1 中長針，接下來 22〔26〕長針各鉤 1 長針，2 中長針內各鉤 1 中長針，翻面。

製作凸框

下一段：1 鎖針（不列入總針數計算），把上一段針目往下摺與第 5 圈重疊，背面對齊背面，接下來 26〔30〕針每一針都鉤 1 短針，要同時鉤入第 4 圈針目的兩個線圈，合併對摺的織片，在眼睛邊緣製作出大半圈凸起的眼框。
拉緊收針，留一段稍微長一點的毛線。

眼睛
製作凸框
大人尺寸

製作凸框

眼睛
製作凸框
小孩尺寸

製作凸框

前一段
同時鉤入前一段與第 4 圈針目的兩個線圈，合併織片。

同時鉤入前一段與第 4 圈針目的兩個線圈，合併織片。

鳥喙

使用 5mm 鉤針與 B 色毛線，鉤 4 個鎖針，以滑針連結第一個鎖針，做成一個圈。

第 1 圈：1 鎖針（不列入總針數計算），沿著圈圍鉤 6〔7〕個短針，以滑針連結第一個短針（共 6〔7〕針）。

第 2 圈（加針）：1 鎖針（不列入總針數計算），2 短針加針重複 6〔7〕次，以滑針連結第一個短針（共 12〔14〕針）。

第 3 圈（加針）：1 鎖針（不列入總針數計算），（2 短針加針，1 短針）括號內此組編織法重複 6〔7〕次，以滑針連結第一個短針（共 18〔21〕針）。以滑針連結下一針，拉緊收針，留一段稍微長一點的毛線。

鳥喙
小孩尺寸

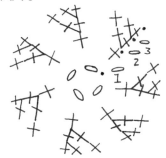

鳥喙
大人尺寸

組合

邊針

從正面的地方，使用 5mm 鉤針與 A 色毛線，在帽子背面第二片耳蓋的地方接上毛線，依照第 23 頁上小花豹帽子邊針的編織方法來鉤織。

眼睛

在眼框段開頭處縫幾針，把兩塊眼睛織片合在一起，讓眼框開頭處在正中央，眼框結尾處則對齊帽子邊緣，把合併好的一對眼睛織片擺在帽子前面，利用收針後預留的餘線固定，沿著最後一圈短針周圍縫上，讓凸出來的眼框保持立體，不要直接連在帽子主體上，底邊沒有眼框的地方可以直接縫上，把小顆的黑色釦子重疊在大顆的橘色或黃色釦子上面，一起縫在鉤織好的眼睛上。

鳥喙

把鉤織好的一片圓形對摺，利用收針後預留的餘線縫合圓周接縫，留一個小開口，塞一些填充棉花裝進鳥喙，再縫合開口，把鳥喙縫在兩隻眼睛中間的位置，彎曲的那一邊朝外，在底部沿著周圍縫上固定。

翅膀

以熨斗低溫熨燙翅膀，把翅膀分別放在兩側耳蓋上，利用收針後預留的餘線縫上固定。

最後修飾

如果要製作編織內襯，就在加上內襯後，將翅膀和兩股辮接在耳蓋上，藏好餘線。以 A 色毛線製作兩條兩股辮（做法詳見第 154 頁），長度約為 20〔30〕公分，製作時使用 6〔8〕股毛線。以 C 色毛線製作兩個流蘇穗子（做法詳見第 155 頁），長度約為 10〔13〕公分，分別接在兩條兩股辮下方，兩股辮的另一端則縫在耳蓋尖端的地方。以 A 色毛線製作兩個流蘇穗子，長度約為 7.5〔10〕公分，分別縫在帽子頂部兩邊。

製作帽子內襯

做法詳見第 142 到 145 頁，為帽子加上一層舒適的刷毛布料內襯或編織內襯。

rabbit
小兔子

使用柔軟蓬鬆的毛線來鉤織這頂毛茸
茸的可愛兔子帽，戴起來非常舒適。這種「毛
皮」毛線不容易看清楚針目，可以拿到光線
下或是在窗戶前鉤織，但是花點心力做出來
的毛線帽，是非常值得的！

材料

毛線

Bergère de France Toison，77% 壓克
力、20% 精紡羊毛、3% 聚醯胺纖維
（每球 50 克 /76 碼 /70 公尺）
深褐茶（24540），A 色 4〔4〕球
奶茶棕（25391），B 色 1〔1〕球
牛奶白（22546），C 色 1〔1〕球
淺棕色中細線少許，D 色

鉤針

3mm（UK11: US- ）
3.5mm（UK9:US E/4 ）
4.5mm（UK7:US7 ）

釦子

直徑 2〔2.25〕公分白色 2 個
直徑 1.25〔1.5〕公分黑色 2 個

其他

毛線針
縫衣針
黑色縫衣線
填充棉花少許

尺寸

適合

頭圍 20 英吋（51 公分）以下的兒童
〔頭圍 22 英吋（56 公分）以下的成人〕

織片密度

4 英吋（10 公分）平方 =13 針 14 段 /
短針編織，4.5mm 鉤針
為求正確，請依個人編織手勁換用較大
或較小的鉤針。

做法

帽子主體、臉頰和鼻子以短針環狀編織，內耳和外耳個別分段鉤織製作，合併後縫在帽子上，最後加上兩股辮和絨球就完成了。

帽子主體

大人小孩尺寸皆同

從帽頂開始製作，使用 4.5mm 鉤針與 A 色毛線，依照第 14 頁上小花豹帽子主體的編織方法來鉤織。

耳蓋內襯（製作 2 個）

如果打算製作編織內襯，此步驟可省略。

大人小孩尺寸皆同 使用 4.5mm 鉤針與 A 色毛線，依照第 18 頁上小花豹耳蓋內襯的編織方法來鉤織。

邊針

使用 3.5mm 鉤針與 B 色毛線，依照第 18 頁上小花豹耳蓋內襯邊針的編織方法來鉤織。

耳朵（製作 2 個）

大人小孩尺寸皆同

使用 4.5mm 鉤針與 A 色毛線，鉤 2 個鎖針。

段 1（正面）：在往回數的第二個鎖針內鉤 3 短針，翻面（共 3 針）。

段 2（加針）：1 鎖針（不列入總針數計算），2 短針加針，1 短針，2 短針加針，翻面（共 5 針）。

段 3：1 鎖針（不列入總針數計算），接下來每一針內鉤 1 短針，翻面。

段 4（加針）：1 鎖針（不列入總針數計算），2 短針加針，接下來 3 針每一針都鉤 1 短針，2 短針加針，翻面（共 7 針）。

段 5：1 鎖針（不列入總針數計算），接下來每一針內鉤 1 短針，翻面。

段 6（加針）：1 鎖針（不列入總針數計算），2 短針加針，接下來 5 針每一針都鉤 1 短針，2 短針加針，翻面（共 9 針）。

段 7：1 鎖針（不列入總針數計算），接下來每一針內鉤 1 短針，翻面。

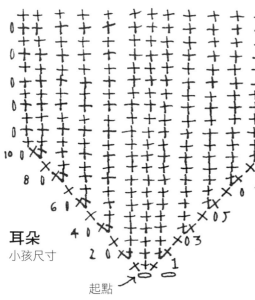

耳朵
小孩尺寸

起點

符號

o	鎖針
•	滑針
+	短針
✕	2 短針加針

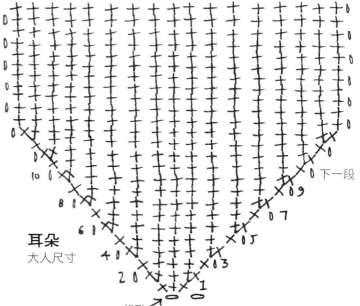

耳朵
大人尺寸

起點

段8（加針）：1鎖針（不列入總針數計算），2短針加針，接下來7針每一針都鉤1短針，2短針加針，翻面（共11針）。

段9：1鎖針（不列入總針數計算），接下來每一針內鉤1短針，翻面。

段10（加針）：1鎖針（不列入總針數計算），2短針加針，接下來9針每一針都鉤1短針，2短針加針，翻面（共13針）。

以下僅大人尺寸需要

下一段：1鎖針（不列入總針數計算），接下來每一針內鉤1短針，翻面。

下一段（加針）：1鎖針（不列入總針數計算），2短針加針，接下來11針每一針都鉤1短針，2短針加針，翻面（共15針）。

下一段：1鎖針（不列入總針數計算），接下來每一針內鉤1短針，翻面。

下一段（加針）：1鎖針（不列入總針數計算），2短針加針，接下來13針每一針都鉤1短針，2短針加針，翻面（共17針）。

以下大人小孩尺寸皆同

下一段：1鎖針（不列入總針數計算），接下來每一針內鉤1短針，翻面。

上面一段再重複10次。

拉緊收針，留一段稍微長一點的毛線。

內耳（製作2個）

以下大人小孩尺寸皆同

使用4.5mm鉤針與B色毛線，鉤2個鎖針。

段1（正面）：在往回數的第二個鎖針內鉤3短針，翻面（共3針）。

段2（加針）：1鎖針（不列入總針數計算），2短針加針，1短針，2短針加針，翻面（共5針）。

段3到段4：1鎖針（不列入總針數計算），接下來每一針內鉤1短針，翻面。

段5（加針）：1鎖針（不列入總針數計算），2短針加針，接下來3針每一針都鉤1短針，2短針加針，翻面（共7針）。

段6到段7：1鎖針（不列入總針數計算），接下來每一針內鉤1短針，翻面。

段8（加針）：1鎖針（不列入總針數計算），2短針加針，接下來5針每一針都鉤1短針，2短針加針，翻面（共9針）。

段9到段10：1鎖針（不列入總針數計算），接下來每一針內鉤1短針，翻面。

以下僅大人尺寸需要

下一段（加針）：1鎖針（不列入總針數計算），2短針加針，接下來7針每一針都鉤1短針，2短針加針，翻面（共11針）。

下一段：1鎖針（不列入總針數計算），接下來每一針內鉤1短針，翻面。[兔子帽加：上一段再重複一次。]

下一段：1鎖針（不列入總針數計算），2短針加針，接下來9針每一針都鉤1短針，2短針加針，翻面（共13針）。

以下大人小孩尺寸皆同

下一段：1鎖針（不列入總針數計算），接下來每一針內鉤1短針，翻面。

上面一段再重複10次。

拉緊收針，留一段稍微長一點的毛線。

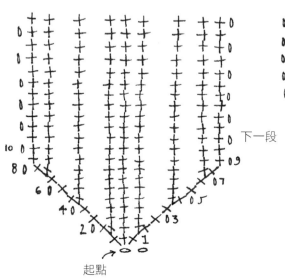

內耳
小孩尺寸

內耳
大人尺寸

起點

起點

鼻子

以下大人小孩尺寸皆同

使用 3mm 鉤針與 D 色毛線，鉤 4 個鎖針，以滑針連結第一個鎖針，做成一個圈。

第 1 圈：1 鎖針（不列入總針數計算），沿著圈圍鉤 6 個短針，以滑針連結第一個短針（共 6 針）。

第 2 圈：1 鎖針（不列入總針數計算），接下來每一針內鉤 1 短針，以滑針連結第一個短針。

第 3 圈（加針）：1 鎖針（不列入總針數計算），2 短針加針重複 6 次，以滑針連結第一個短針（共 12 針）。

第 4 圈：編織方法與第 2 圈相同。

以下僅大人尺寸需要

下一圈（加針）：1 鎖針（不列入總針數計算），（2 短針加針，1 短針）括號內此組編織法重複 6 次，以滑針連結第一個短針（共 18 針）。

下一圈：編織方法與第 2 圈相同。

以下大人小孩尺寸皆同

以滑針連結下一針，拉緊收針，留一段稍微長一點的毛線。

臉頰（製作 2 個）

大人小孩尺寸皆同

使用 4.5mm 鉤針與 B 色毛線，鉤 4 個鎖針，以滑針連結第一個鎖針，做成一個圈。

第 1 圈：1 鎖針（不列入總針數計算），沿著圈圍鉤 6 個短針，以滑針連結第一個短針（共 6 針）。

第 2 圈（加針）：1 鎖針（不列入總針數計算），2 短針加針重複 6 次，以滑針連結第一個短針（共 12 針）。

第 3 圈（加針）：1 鎖針（不列入總針數計算），（2 短針加針，1 短針）括號內此組編織法重複 6 次，以滑針連結第一個短針（共 18 針）。

以下僅大人尺寸需要

第 4 圈（加針）：1 鎖針（不列入總針數計算），（2 短針加針，2 短針）括號內此組編織法重複 6 次，以滑針連結第一個短針（共 24 針）。

拉緊收針，留一段稍微長一點的毛線。

鼻子
大人尺寸
小孩尺寸——依照編織
圖一直鉤織到第 4 圈

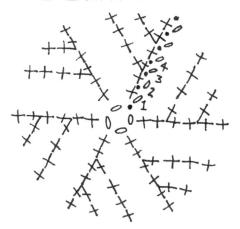

臉頰
小孩尺寸——第 1 圈到第 3 圈
大人尺寸——第 1 圈到第 4 圈

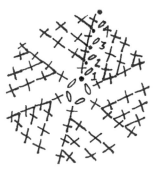

組合

邊針

從正面的地方,使用 3.5mm 鉤針與 B 色毛線,在帽子背面第二片耳蓋的地方接上毛線,依照第 23 頁上小花豹帽子邊針的編織方法來鉤織。

耳朵

以正面對齊正面,把內耳縫在外耳上,底邊先不縫合,翻出正面,調整位置,讓內耳大約位於中央的位置,與比較大片的外耳稍微重疊,縫合底邊。將底邊兩端拉到中央,做出耳朵的模樣,縫合固定,再把帽子縫在帽子主體上。

臉頰

把臉頰縫在臉部,距離底邊大約 1.5 公分處,兩片相鄰並排擺放。

鼻子

平放鼻子,縫合頂部邊緣開口處兩邊各 6〔9〕個針目,做成三角形。把縫合起來的頂部邊緣朝上,固定在帽子正面中央,就在臉頰上緣中間處。

最後修飾

如果要製作編織內襯,就在加上內襯後,把兩股辮接在耳蓋上,藏好餘線。以 A 色毛線製作兩條兩股辮(做法詳見第 154 頁),長度約為 20〔30〕公分,製作時使用 6〔8〕股毛線。以 C 色毛線製作兩顆絨球(做法詳見第 155 頁),直徑大小為 5〔6〕公分,把兩顆絨球分別接在兩條兩股辮下方,兩股辮的另一端則縫在耳蓋尖端的地方。把小顆的黑色釦子重疊在大顆的白色釦子上面,一起縫在眼睛的地方。

製作帽子內襯

做法詳見第 142 到 145 頁,為帽子加上一層舒適的刷毛布料內襯或編織內襯。

製作帽子內襯
lining your hat

sewing in a fleece lining

縫製刷毛布內襯

使用有彈性的柔軟布料來製作帽子內襯，
讓鉤織動物帽戴起來更加舒適。

材料

56 x 56公分〔63.5 x 63.5公分〕的彈性布料、刷毛布料或是針織布皆可公分
同色系的縫線
縫衣針
裁縫珠針
一公分方格紙
鉛筆
剪刀

做法

1 將版型放大至需要的尺寸，依樣把全部的標記都畫在紙上。沿實線剪下紙型，1.5 公分的縫份已包含在內，將紙型放在摺角的刷毛布上，注意紙型上標示的摺疊處，要確實對齊布料上摺出來的那道斜紋，以珠針把紙型固定在布料上，剪裁刷毛布。

2 縫合紙型上所標示的三角鏢形狀縫摺。剪裁到距離三角鏢頂點 1.25 公分處，拉開布料，以正面對齊正面，沿著虛線別上珠針固定之後縫合，留下大約 1.5 公分的摺邊，修剪布邊，沿著曲線在摺邊上剪裁缺口，小心不要剪到縫線。

3 留下約 1.5 公分的摺邊，翻面，將製作好的內襯用珠針固定在編織帽子內層，在邊針或是羅紋帽簷上方，沿著底邊調整內襯的位置，以藏針縫在帽子的邊緣固定內襯，帽頂處也縫幾針，有助於固定內襯。

內襯紙型

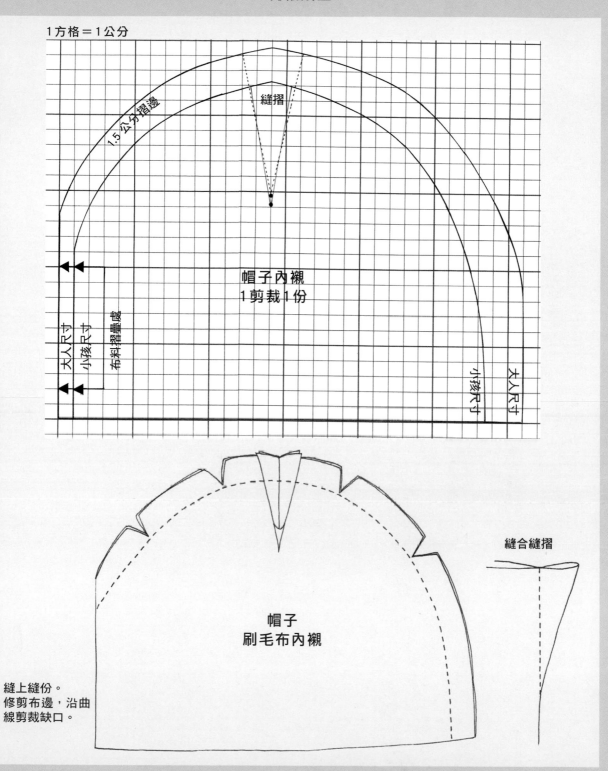

1方格＝1公分

1.5公分摺邊

縫摺

帽子內襯
1 剪裁1份

大人尺寸
小孩尺寸
布料摺疊處

小孩尺寸
大人尺寸

縫合縫摺

帽子
刷毛布內襯

縫上縫份。
修剪布邊，沿曲
線剪裁缺口。

crocheted lining

鉤織內襯

使用跟動物帽子同色或是對比色系的毛線，搭
配相同尺寸的鉤針，鉤織出舒適的帽子內襯。

材料

___

100公克毛線，
顏色與動物帽子主體一致
所需要的鉤針尺寸
請參考各頂帽子說明
毛線針

做法

如果打算製作編織內襯，鉤織帽子時就不必製作耳蓋內
襯。把動物特徵都縫上去後，再縫合編織內襯。若耳蓋
要接上兩股辮，可以先縫合編織內襯，再接上兩股辮；
若要製作貓頭鷹或是鸚鵡帽子，就在加上內襯後，再把
翅膀接在耳蓋上。

青蛙和呱呱鴨帽子的內襯製作方法

使用指定的鉤針與合適顏色的毛線，從帽頂開始製作，
依照第 14 頁上小花豹帽子主體的編織方法來鉤織，一
直鉤到第 10〔11〕圈為止。

下一圈：1 鎖針（不列入總針數計算），接下來每一針
內鉤 1 短針，以滑針連結第一個短針。

以下僅青蛙帽子需要
接下來：重複上一圈 10〔13〕次。拉緊收針，留一段
稍微長一點的毛線，依照第 14 頁上小花豹帽子主體的
編織圖來鉤織前面 21〔24〕圈。

以下僅呱呱鴨帽子需要
接下來：重複上一圈 12〔15〕次。拉緊收針，留一段
稍微長一點的毛線，依照第 14 頁上小花豹帽子主體的
編織圖來鉤織前面 23〔27〕圈。

組合

以背面對齊背面，對準中央背面，把內襯放進帽子裡面，讓內襯底邊在羅紋鬆緊編的上方處。利用收針後預留的餘線穿上毛線針，把內襯縫在帽子裡面，沿著底邊縫一整圈，帽頂的地方也縫幾針，有助於固定內襯。

有耳蓋帽子的內襯製作方法

使用指定的鉤針與合適顏色的毛線，從帽頂開始製作，依照第 14 頁到第 16 頁上小花豹帽子主體和耳蓋的編織方法來鉤織。

組合

邊針

使用指定的鉤針與合適顏色的毛線，從正面的地方，在帽子背面第二片耳蓋的地方接上毛線，依照第 23 頁上小花豹帽子邊針的編織方法來鉤織。

接下來：以背面對齊背面，把內襯放進帽子裡面，鉤 1 鎖針（不列入總針數計算）。

同時鉤入帽子主體上和內襯上的針目，合在一起。沿著帽子背面，接下來 10〔12〕針每一針都鉤 1 短針，*** 然後沿著第一片耳蓋邊緣的 10〔12〕段，每一段的邊緣各鉤 1 短針，2 短針加針、1 短針、2 短針加針，接著在另一邊耳蓋邊緣的 10〔12〕段，每一段的邊緣各鉤 1 短針 ***。接下來在帽子前緣的 24 個短針每一針都鉤 1 短針，重複三星號 *** 之間的編織法，完成第二片耳蓋的邊針（共 84〔94〕針）。以滑針連結下一針，拉緊收針。藏好餘線。

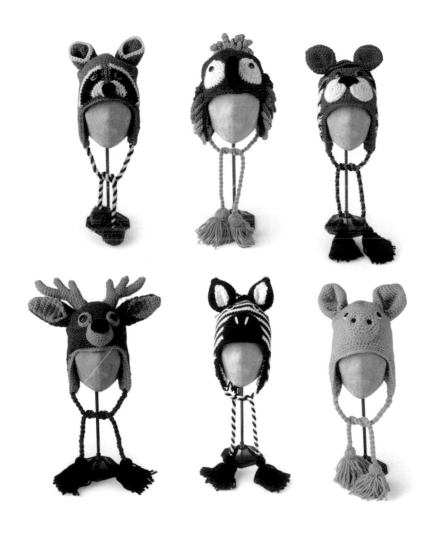

基本技巧

basic techniques

開始編織吧！

開始鉤織前，請務必仔細閱讀列在每頂帽子
編織圖最前面的材料清單，確認所需要的材料有哪
些，包括正確尺寸的鉤針、毛線和其他用品。

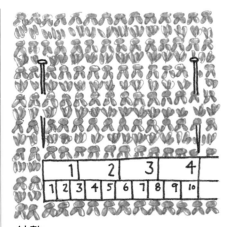

針數

尺寸

本書中完成的動物帽子適合頭圍
20 英吋（51 公分）以下的兒童，
以及頭圍 22 英吋（56 公分）以下
的成人。

織片密度

開始編織之前，確認織片密度非常
重要，密度會影響編織成品的尺寸
和外觀。所謂織片密度，就是鉤織
出每 10 平方公分大小的織片所需
的針數和段數。

針數

依照編織圖上所標示的鉤針尺寸和
針數，試鉤一塊大約 12.5 公分大
小的織片，攤平，拿尺水平擺放，
用珠針標示出 10 公分的長度，接
著計算針數，只有一半的也要算進
去，這樣就可以測量出織片密度所
需針數。

段數

把尺垂直擺放，用珠針標示出 10 公
分的高度，計算段數，如果計算出
來的數目比編織圖上標示的多，就
表示你的織片密度比較緊，應該換
用比較大的鉤針；如果計算出來的
數目比較少，就表示你的織片密度
比較鬆，應該換用比較小的鉤針。

鉤針

鉤針的尺寸很多，極細鉤針搭配細
線，可以鉤織出細密的針目，特大
鉤針搭配好幾股線，可以鉤織出粗
針織物。改用較大或較小的鉤針會
改變織片的外觀，也會影響到織片
密度以及毛線用量。

縫針

前端比較鈍的毛線針或是縫衣針，
可以用來縫合帽子的各個部分，圓
鈍端可以避免勾住紗線，大針孔讓
人容易穿進粗毛線。

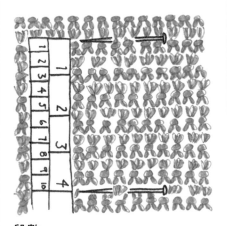

段數

替換毛線

如果要改用其他毛線,務必確認所需的毛線用量,以毛線長度來換算需要幾球毛線,不可以用毛線重量換算,因為重量會隨著毛線材質不同而有所變化。織片密度也很重要,開始編織之前,務必拿想要使用的毛線來試織一塊織片,測量織片密度。

閱讀編織説明

動物帽子的編織圖有小孩與大人兩種尺寸,寫在前面的是小孩尺寸,方括號內則是〔大人的尺寸〕,説明中如果出現數字0,就是該尺寸不需要編織,沒有方括號標示的地方,就是大人與小孩尺寸的做法相同。

看懂編織圖

圖上的每一個方格就代表一針,每一橫行就代表一段,鉤針圈織以逆時鐘方向讀圖,從中間開始往外編織,一直鉤織到圖上最後一圈為止。

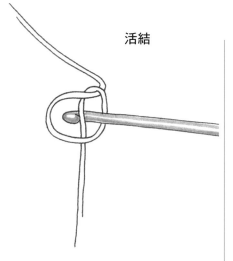

活結

活結

拿起毛線的一端做成一個圈,以拇指和食指拿著線,把鉤針穿進圈裡,挑起整球毛線那端的線,穿過線圈。鉤針繼續鉤住線圈,拉緊兩端線頭,調整活結的鬆緊度,不要拉得太緊。拉比較短那一端會鬆開針目,拉比較長的那一端則會收緊針目。

手勢以及拿法

鉤針

像拿鉛筆一樣握住鉤針,讓鉤針前端輕靠在中指上,這麼做有助於控制鉤針動作,另一隻手則負責控制調節毛線的鬆緊度,鉤針頭朝向你,稍微往下,鉤針動作和用線要流暢而平均,別拉太緊,多練習就能做到。

持線

控制鬆緊度的方法,是把毛線掛在左手的兩隻手指上(如果是左撇子,就繞在右手手指上),然後繞在無名指和小指上,讓毛線自然垂下。鉤織的時候,從拇指與食指之間用線,除非編織方法另有説明,通常是從針目上方的兩個線圈中穿進鉤針,如果只穿過針目外側的後環線圈,可以製作出不同的效果。

鉤針拿法

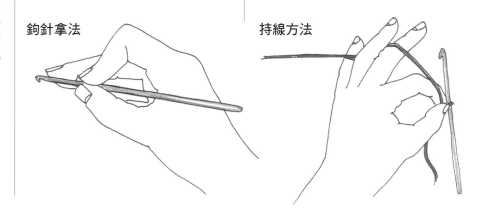

持線方法

鉤針針法

以下是鉤針編織動物帽子所需要用到的基本技巧，只要從一個簡單的活結開始（做法詳見第149頁），就能夠變化出各種不同的鉤針針法。

鎖針（ch）

1 用鉤針繞起兩隻手指之間固定拉緊的線，這個動作稱為「繞線」（yarn round hook，yrh）. 鉤起繞住的毛線，穿過鉤針上的線圈，就能做出一個鎖針。

2 以左手拇指和食指持線，手指盡量靠近鉤針以便固定，重複步驟1，做出需要的鎖針數目。

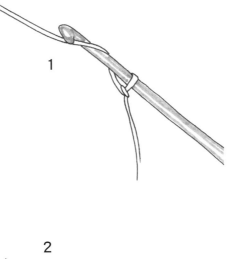

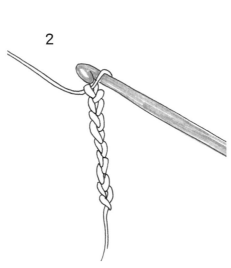

滑針
（sl st，又稱「引拔針」）

鉤10個鎖針做練習用，把鉤針穿入第一個針目，繞線，再把繞住的毛線穿過鉤針上的兩個線圈，就能做出一個滑針，一直重複到結束，總共會有10個滑針（共10針）。

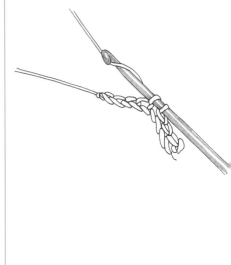

短針（英式英文 double crochet，dc）

1 鉤 17 個鎖針做練習用，略過第一個針目，在下一個針目的位置，把鉤針從前面穿到後面，繞線，再把繞住的毛線穿過針目（現在鉤針上有 2 個線圈）。

2 鉤針上再次繞線，然後把繞住的毛線穿過鉤針上的 2 個線圈（現在鉤針上有 1 個線圈），就能做出一個短針。重複步驟 1 和 2，一直到整排結束為止，在 17 個鎖針的起針基底上，應該可以做出 16 個短針（共 16 針）。

下一段

把作品翻面，讓反面朝向自己，做一個鎖針，這個鎖針是翻面用的立針，能讓作品邊緣平整好看，這個鎖針不列入總針數計算。重複步驟 1 和 2，一直到整排結束為止，持續鉤到所需要的段數就完成了，拉緊收針。

拉緊收針

鉤好之後，留一段大約 4 又 3/4 英吋（12 公分）長的餘線，剪斷以後把線頭穿過最後那個線圈，拉緊固定。

中長針（英式英文 half treble，htr）

1 鉤 17 個鎖針做練習用，略過前兩個針目（這 2 個鎖針算做第一個中長針），繞線（yrh），把鉤針穿進下一個針目，繞線，再把繞住的毛線穿過針目（現在鉤針上有 3 個線圈）。

2 繞線，接著把繞住的毛線穿過全部 3 個線圈（現在鉤針上有 1 個線圈），就能做出一個中長針。重複步驟 1 和 2，一直到整排結束為止，在 17 個鎖針的起針基底上，應該可以做出 16 個中長針（共 16 針），包括整段開頭處的 2 個鎖針，那 2 個鎖針算做第一個中長針。

下一段

把作品翻面，讓反面朝向自己，鉤 2 個鎖針，算做第一個中長針，略過前一段的第一個針目，接下來在前一段的 14 個中長針上，重複步驟 1 和 2，最後一個中長針鉤在前一段 2 個鎖針中第二個鎖針的位置，持續鉤到所需要的段數就完成了，拉緊收針。

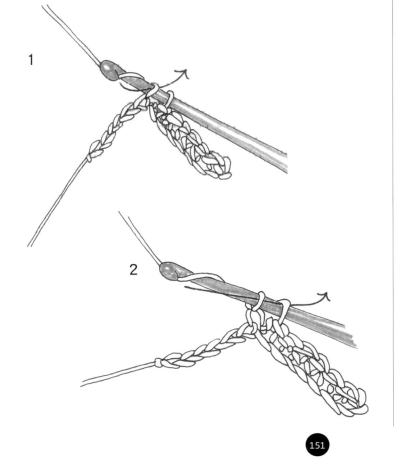

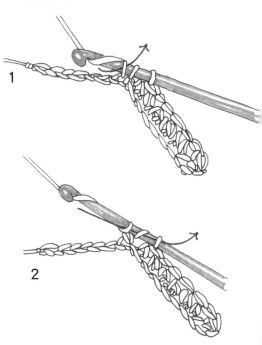

長針
（英式英文 treble，tr）

1 鉤 18 個鎖針做練習用，略過前三個針目（這 3 個鎖針算做第一個長針），繞線（yrh），把鉤針穿進下一個針目，繞線，再把繞住的毛線穿過針目（現在鉤針上有 3 個線圈）。

2 鉤針上再次繞線，然後把繞住的毛線穿過鉤針上的 2 個線圈（現在鉤針上有 2 個線圈）。

3 繞線，把繞住的毛線穿過鉤針上的 2 個線圈（現在鉤針上有 1 個線圈），就能做出一個長針。重複步驟 1 至 3，一直到整排結束為止，在 18 個鎖針的起針基底上，應該可以做出 16 個長針（共 16 針），包括整段開頭處的 3 個鎖針，那 3 個鎖針算做第一個長針。

下一段

把作品翻面，讓反面朝向自己，鉤 3 個鎖針，算做第一個長針，略過前一段的第一個針目，重複步驟 1 至 3，一直到整排結束為止，最後一個長針鉤在前一段開頭 3 個鎖針中第三個鎖針的位置，持續鉤到所需要的段數就完成了，拉緊收針。

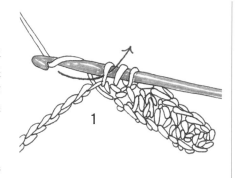

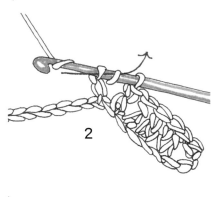

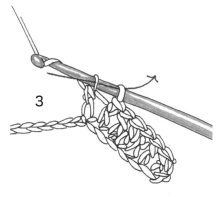

加針

想要增加針數的話，只要在前段的同一個針目中鉤入數個針目即可，不論是 2 短針加針（dc2inc）、2 中長針加針（htr2inc）或是 2 長針加針（tr2inc）都是如此。

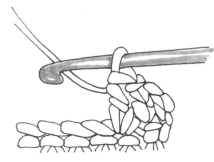

減針

想要減少短針針數的話，可以做短針 2 併針（dc2dec）。把鉤針穿進下一個針目，繞線，把繞住的毛線穿過針目（現在鉤針上有 2 個線圈）；再把鉤針穿進下一個針目，繞線，把繞住的毛線穿過針目（現在鉤針上有 3 個線圈），再次繞線，接著把繞住的毛線穿過全部 3 個線圈。

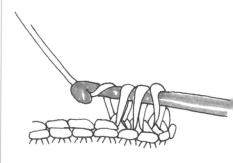

換成其他顏色的毛線

在每圈或每段的開端

想在每圈或每段的開端換成其他色毛線,可以改用新色線穿過針目接上,接著以新色線在接線的位置鉤織第一針。

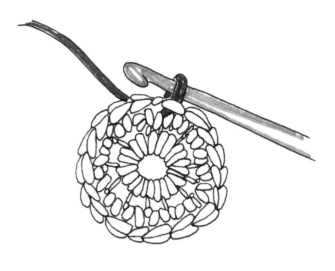

在每段的中間

1 想在每段中間接上新色線,可以在舊色線鉤某個針目到一半的時候,改用新色線完成那個針目。把鉤針穿進下一針,使用舊色線,在針目鉤到最後階段的時候停住(此時鉤針上會有 2 個線圈),在鉤針繞上新色線,穿過 2 個線圈,繼續以新色線鉤織。

2 不用的舊色線可以藏在作品背面,沿著新色線針目邊緣仔細穿進去藏好,這樣一來,完成的鉤織作品兩面都可以使用,第 96 頁的哈士奇帽子臉部塑型開端就使用這個方法。

也可以事先繞好幾個小毛線球,分別用來鉤織每個色塊,第 85 頁的小老虎帽子就是使用這種方法。

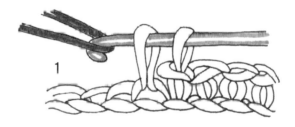

最後修飾

用鉤織的方式加上動物的特徵,為帽子妝點獨特的個性。在帽子的兩股辮尾端加上絨球和流蘇穗子,不但能夠增加帽子的份量,也能溫暖雙耳。

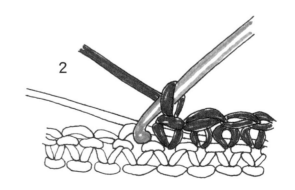

最後修飾

用鉤織的方式加上動物的特徵，為帽子妝點
獨特的個性。在帽子的兩股辮尾端加上絨球和流蘇
穗子，不但能夠增加帽子的份量，也能溫暖雙耳。

兩股辮

1 量好所需要的毛線用量，大約是 0.8
〔1.2〕公尺的毛線總共 6〔8〕股，這
樣的長度能讓你有足夠的餘裕可以縫
在耳蓋上。把量好的毛線兩端打結，
一端固定在勾子或門把上面，另一端
插進一枝鉛筆，用拇指和食指拿著鉛
筆，把毛線繃緊，以順時針方向轉動
鉛筆，把多股毛線扭在一起。

2 繼續轉動鉛筆，直到多股毛線緊繃
扭捻在一起，把扭緊的毛線對摺，放
手讓對摺的兩段自然地扭成一條兩股
辮，拿掉鉛筆，小心拆開兩端的結，
用穿了針的線在兩股辮頂端纏繞幾圈，
最後再縫幾針固定，也可以保留兩端
的結，不過看起來會比較厚重一點。

條紋兩股辮

1 量好所需要的毛線用量，大約是兩
種顏色 0.8〔1.2〕公尺的毛線各 3〔4〕
股，這樣的長度能讓你有足夠的餘裕
可以縫在耳蓋上。把其中一色毛線對
摺，在尾端打結，做成一個多股毛線
圈，再把另一色 3〔4〕股毛線穿過這
個毛線圈，在尾端打結。把打結的一
端固定在勾子或門把上面，另一端插

進一枝鉛筆，用拇指和食指拿著鉛筆，
把毛線繃緊，兩色毛線交織的地方應
該要在中間。

2 以順時針方向轉動鉛筆，直到多股
毛線緊繃扭捻在一起，把扭緊的毛線
從中間的兩色交界處對摺，放手讓對
摺的兩段自然地扭成一條條紋兩股
辮，依照兩股辮的方法收尾固定。

絨球

1 依照所需尺寸,裁剪兩張圓形的薄卡紙,中間挖一個洞,洞的大小大約是絨球的三分之一。用毛線針穿一段長長的雙股毛線同時纏繞兩張卡紙,從中間的洞往外纏繞,線用完再穿另外一段,直到中間的洞填滿為止。

2 沿著外圈兩張薄卡紙中間剪開毛線, 再用另一段毛線從中間綁緊,記得要留下一段夠長的線,才能把絨球固定在兩股辮上。移除卡紙,修剪絨球,弄成蓬鬆的圓球狀。

流蘇穗子

1 依照需要的流蘇穗子長度,裁剪一張卡紙,在卡紙上繞線,繞到想要的厚度之後,剪斷毛線,留一段長長的線,穿在針上,用針把這段長線穿過繞在卡紙上的全部毛線圈,在上方繫緊。

2 移除卡紙,在繫緊的頂端稍微下面一點的地方,纏繞毛線後縫幾針固定,再把針穿過繫緊的頂端,留下一段線才能把流蘇穗子固定在兩股辮上。剪開穗子下方的毛線圈,修剪整齊。

刺繡針法

這些簡單的針法可以用來替動物帽子添加特徵,包括第 48 頁的綿羊、第 68 頁的斑馬,還有第 114 頁的長頸鹿。

飛羽繡(fly stitch)

1 從背面往正面入針,在要刺繡位置的左邊出針,用左手拇指按住。接著從右邊入針,對齊一開始出針的那一點,在稍微往下一點的地方入針,對齊刺繡位置的中央,用針壓住線。

2 再次入針,繡出 V 字形的樣子。接著從比較下面一點的地方入針,在 V 字形下方繡出一條直線。

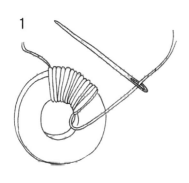

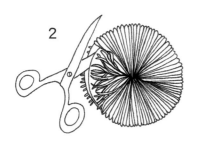

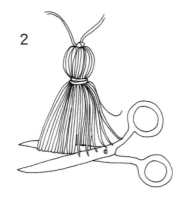

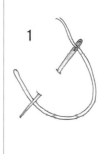

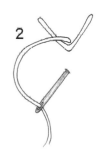

直線繡

這種針法可以繡出各種長度,是一種可以做出短線圖案的實用刺繡針法。

歐美毛線編織小知識

英文縮寫及參考中文

縮寫	參考中文
ch	鎖針
ch sp	鎖針的位置
cm	公分
dc	短針
dc2dec	短針 2 併針，把 2 個短針鉤成 1 針來減針
dc2inc	2 短針加針，在同 1 針目鉤 2 短針來加針
dec	減針
htr	中長針
htr2inc	2 中長針加針，在同 1 針目鉤 2 中長針來加針
in	英吋
inc	加針
mb	製作泡泡針
rep	重複
RS	正面
sl st	滑針（引拔針）
st（s）	針目
tr	長針
tr2inc	2 長針加針，在同 1 針目鉤 2 長針來加針
yd	碼
yrh	繞線
WS	反面

鉤針尺寸對照

鋼製鉤針尺寸

公制（mm）	英制	美制
0.60	6	14
-	5 1/2	13
0.75	5	12
-	4 1/2	11
1.00	4	10
-	3 1/2	9
1.25	3	8
1.50	2 1/2	7
1.75	2	6
-	1 1/2	5

鋁製鉤針尺寸

公制（mm）	英制	美制
2.00	14	-
2.25	13	B/1
2.50	12	-
2.75	-	C/2
3.00	11	-
3.25	10	D/3
3.50	9	E/4
3.75	-	F/5
4.00	8	G/6
4.50	7	7
5.00	6	H/8
5.50	5	I/9
6.00	4	J/10
6.50	3	K/10 1/2
7.00	2	-
8.00	0	L/11
9.00	00	M/13
10.00	000	N/15
11.50	-	P/16

英制與美制鉤針用語

中文	英語	美語
短針	Double crochet	Single crochet
中長針	Half treble	Half double crochet
長針	Treble	Double crochet